疯狂博物馆——

霸王成长史

陈博君　陈卉缘/著

ZHEJIANG UNIVERSITY PRESS
浙江大学出版社

目录

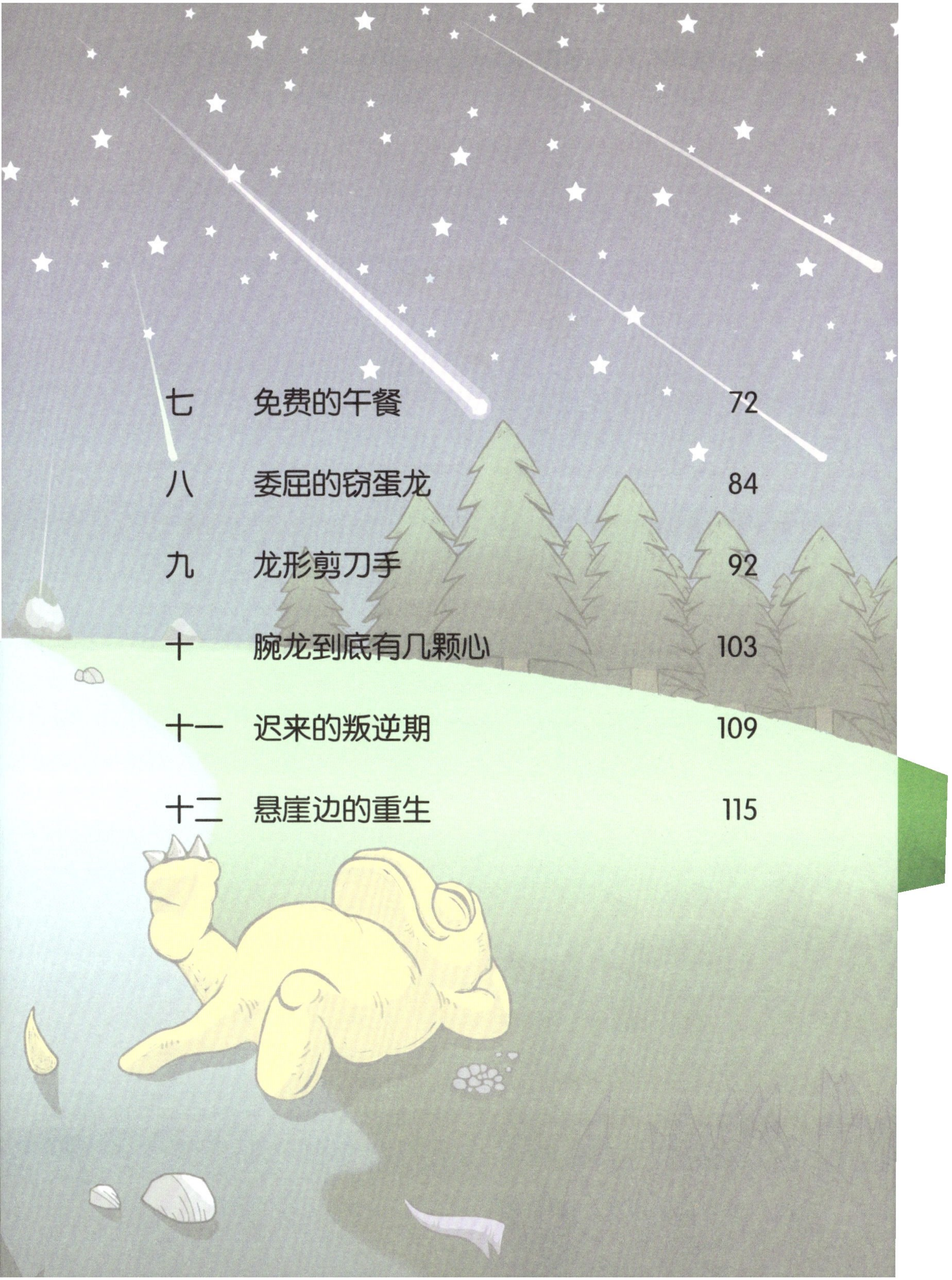

引子 秘密武器

"嘀嘀嗒，嘀嘀嗒，你看这是什么？"一回到家，卡拉塔就兴冲冲地冲到书架前，从书包里掏出一张纸条，对着嘀嘀嗒一脸坏笑。

可是那毛茸茸的小仓鼠却一动不动地蹲在书架上，两只爪子乖巧地耷拉在胸前。

卡拉塔一拍脑袋："哎呀，我又忘了。淘气的小坏蛋！"

对上口令的嘀嘀嗒灵活地耸耸肩，扭扭屁股，开口道："唉咳咳，什么事情，让你兴奋成这样啊？"

"你——看！"卡拉塔扬了扬手中的纸条，"学校组织，明天要去自然博物馆参观！"

"哦，就是我们前几天去的那

家博物馆吗？"

"对呀！"

"你可是那儿的老熟人了呢，说不定比讲解员知道得都还多。"

"怎么会呢，自然博物馆那么大，我都还没有完整地参观过一遍呢……"

"嗯，也是。"嘀嘀嗒点点头，"博物馆里的说明牌也都是讲个大概，你就算都参观过，也不可能了解得很详细。"

卡拉塔一拍手，嘴巴咧成了一道弯月，眉毛都要挑到发际线上去了："对呀，嘀嘀嗒，真不愧是我的好兄弟，你可真是和我想到一块去了呢！"

"嗯？"嘀嘀嗒看着卡拉塔眉飞色舞，感觉事情不那么简单，"你的意思是？"

"我——"卡拉塔一脸坏笑。

"你不会是想要……"嘀嘀嗒撇着嘴。

"没错没错，就是你想的那样，大声说出来！"卡拉塔一边使劲点头，一边用鼓励的眼神望着嘀嘀嗒。

"你明天想带我一起去博物馆？"

卡拉塔立马得意地扬起头："呐，这可是你自己要求的啊，那我就勉为其难地答应了。"

嘀嘀嗒一听卡拉塔这通歪理邪说，噌地一下跳到书桌上：

"我刚刚说的明明是疑问句！"

卡拉塔却耍赖道："字面意思就是你要我带你去嘛，我不管，你可得说话算数。"

"哼，你是想让我给你当私人讲解员！这么大个博物馆，讲一整天我不累死啦。"嘀嘀嗒傲娇地转过身，爪子往身后一背。

卡拉塔见状，赶紧态度一转，恭维道："哇，好一个冷酷的背影，果然是有大学者的风范。你就忍心看着我一个求知欲旺盛的有志少年，就这么凋谢在无人讲解的迷茫中吗？"

嘀嘀嗒差点笑出声来。他用力地忍着笑，转身指着卡拉塔的书包抱怨道："你那个书包，简直是个地狱，我在里面跟着你晃一天，肯定小命都不保了。"

"好耶好耶！那你就是答应了，我自有妙计！"卡拉塔兴奋地捧起了嘀嘀嗒。

其实，为了让嘀嘀嗒在书包里待得舒服些，卡拉塔早已悄悄地对书包进行了特殊改造：他在书包的隔层里放了一个长得像"陀螺仪"那样的双层球形小铁笼，由于机环和铁笼自身的重量，不论书包怎么晃动，嘀嘀嗒都可以稳稳地坐在里面。

"这个，可靠吗？"嘀嘀嗒将信将疑地瞄了一眼。

卡拉塔兴奋地搓着双手："你试试呗。"

"好像还不错的样子嘛。"嘀嘀嗒说完，噌地一下蹿到小铁笼

引子 秘密武器

里，果然晃动的只有外面一层，嘀嘀嗒在里层稳稳地站了起来。
"嘿嘿，真好玩。"

秘密武器果然奏效！

"那现在，问题都解决了，你要陪我去博物馆喽！"卡拉塔得意地晃着书包。

嘀嘀嗒淡定地摆摆手："但是那儿都是你的同学，万一你一时兴起想穿越，岂不是要被老师同学发现了？"

"这个嘛，我会尽量忍住啦！不过，到时候万一真的有情况，你一个小神鼠，我一个小天才，我们随机应变嘛。"卡拉塔咧着嘴，俏皮地眨了眨眼睛。

"喔哟哟，从你这个小眼神里，我都能预感到什么了。"嘀嘀嗒背着爪子，像一个老学究。

"哈哈，那你就是答应我喽！"卡拉塔高兴得举着书包连蹦带跳。

一 霸王龙的秘密

第二天，卡拉塔揣着嘀嘀嗒这个"小秘密"，和大家一起兴奋地走进自然博物馆。因为是学校组织的活动，参加人数比较多。每个班都被分成了好几个小组，分别跟着馆里的讲解员走不同的路线参观。

刚进博物馆大厅，迎接大家的便是各个时期的代表性动物模型，有长着獠牙的剑齿虎，有体型硕大的七星鲨，还有迷你可爱的小狐獴。看到一旁的墙上那幅巨大的海百合化石，关于寒武纪的回忆刹那间涌入卡拉塔的脑海。

为了方便和嘀嘀嗒说悄悄话，卡拉塔把书包反过来背在胸前，上面还拉开了一小条缝。

讲解员姐姐带着大家走过一个又一个展厅，当走到卡拉塔之前来过的那个展厅时，他忍不住掩住嘴，对着包里的嘀嘀嗒"碎碎念"起来：

"你看，这就是上次我们去寒武纪的那个展厅啦，现在这里加了好多彩灯，真漂亮啊！"

"嘀嘀嗒，看过了真的动物之后，现在再看这里的直壳鹦鹉

螺标本，觉得好迷你哦！"

……

卡拉塔絮絮叨叨的反常行为，引起了周围同学的好奇，当他再一次对着书包嘀嘀咕咕的时候，他的同学夏晓南终于忍不住了："卡拉塔，你今天怎么奇奇怪怪的？老是瞎嘀咕，我都听不清讲解员姐姐在说什么了！"

"哦，对不起，对不起。"卡拉塔做了个鬼脸。

"哈哈，遭嫌弃了吧。"嘀嘀嗒躲在书包里嘲笑卡拉塔。

终于，到午餐时间啦，讲解员姐姐带着大家来到中庭。

"同学们，接下来是自由活动时间，我们下午两点，在我身后这个白垩纪展厅的门口集合。"讲解员姐姐一边宣布解散，一边提醒道，"这个展厅是实景布置，里面有很多小机关，同学们最好不要擅自行动哦。"

话音未落，同学们已经纷纷散开，但卡拉塔和几个小伙伴却异常默契地留在原地。

再往前走几步，就是白垩纪展厅了，听讲解员姐姐的描述，里面应该很刺激、很好玩的样子。这样突然卡在门口，多难受啊！大家你看看我，我看看你，一时不知该怎么才好。

"要不我们先进去看看怎么样？"见大家犹豫不决，卡拉塔趁机提出了自己的想法。

"我赞成！"自从上次卡拉塔挺身而出，唐宇现在已经和他成了好朋友，其他同学跟他的关系也亲密了不少。

"我也赞成！"夏晓南耸耸肩上的书包，眼睛一直不断地瞟向白垩纪展厅的里面。

"可是，刚才讲解员姐姐已经说了，我们要下午才去参观啊。"一个女生怯怯地说道。

可酷酷的恐龙模型和化石就近在眼前，岂有退回去，再等到下午的道理？卡拉塔扬了扬头："现在是自由活动时间，进去参观应该也是我们的自由吧？你们几个要是害怕，就留在这里好了，唐宇、晓南，我们进去！"

说完，卡拉塔豪情满怀地率先走进了身后的展厅。

展厅里的温度显然要比外面低一些。一踏进展厅，扑面而来的阵阵寒气加上昏暗的光线，让几个男孩都不由得起了一身鸡皮疙瘩。

满眼都是茂密高大的树木，由于恐龙的体型十分巨大，这个展厅比其他的都要深，一眼望不到尽头。卡拉塔和小伙伴们小心翼翼地走在人造的泥路上。

"你们说，这里会有什么恐龙呢？"卡拉塔边走边问。

"暴龙、甲龙、翼龙、马门溪龙、霸王龙呗！"紧跟在后面的夏晓南显摆道。

一　霸王龙的秘密

"哎哟，你知道的可真不少啊。"唐宇在后面感叹。

"那当然！"夏晓南自信地拍拍胸脯，"我知道的可多了。"

卡拉塔忽然觉得有点儿不对劲，他赶紧低头看看书包里的嘀嘀嗒。

只见嘀嘀嗒正在书包里翻着大大的白眼，不屑地说道："切，霸王龙那是通俗叫法，其实就是雷克斯暴龙。"

原来霸王龙就是暴龙的一种啊！听嘀嘀嗒这么一说，卡拉塔顿时觉得夏晓南有点儿不懂装懂，但是顾及好朋友的面子，就先让他风光一会儿吧，反正下午讲解员姐姐会给大家科普的。

可是，被大家表扬的夏晓南却得意起来。只见他一脸骄傲，昂首阔步地冲到了最前面，做起了领头羊。

"啊嗷——"低矮的灌木丛里突然传来一声恐怖的叫声。

这叫声把大家吓得心头一紧，尤其是唐宇，他突然毫无征兆地朝前猛跑几步，然后就直接撞向了前面的夏晓南。毫无防备的夏晓南顿时被撞得重心不稳，猛地朝前一个踉跄，不偏不倚正好栽倒在一个巨大的恐龙模型脚下。

"啊嗷嗷嗷——"实景中的红外装置感应到了有人，藏在霸王龙喉咙里的机关再次自动启动，又发出一声长长的嚎叫，那恐龙的眼珠子还发出一闪一闪的红光。

"好，好大的恐龙啊，是，是霸王龙！"夏晓南本能地抬头望去，只见一头身长足有十几米的霸王龙像座小洋房似的站在草丛里，那满嘴钉子一般的利齿，更加剧了恐怖的气氛。

"夏晓南！夏晓南！"卡拉塔连叫了几声，见夏晓南已吓得完全石化了，一点反应都没有，只好跑过去，一把拉起狼狈地瘫坐在地上的夏晓南。

颜面扫地的夏晓南顿时尴尬地拍了拍屁股，自嘲道："切，大是大，不过也没什么了不起的。"

"霸王龙不只是长得大，他们的牙齿也锋利啊！"唐宇缩在后面，伸出半只手，指了指霸王龙带着锯齿的牙。

夏晓南鼻子一哼："那还不是爸妈给的，就会咬两下。你看看他前面的两只小短手，大脑也不发达的样子，这要是搁在现代，肯定被人类关进动物园里了。"

"我觉得不是这样的，霸王龙能成为霸主，靠的应该不只是蛮力！"卡拉塔摇着头，不以为然。

"那你说说看，不靠蛮力，那靠什么呢？"夏晓南叉着腰停下来。

卡拉塔张了张嘴，却发现自己也说不出个所以然来。

"看吧，你自己都说不出来。"夏晓南说完，头也不回地朝前迈开步子。

卡拉塔却故意慢吞吞地走在最后，他回头望着威风凛凛的霸

一　霸王龙的秘密

王龙，一个强烈的念头突然在他的脑海中膨胀。

唐宇见卡拉塔落了队，回头轻声招呼："卡拉塔，走啦！"

"嗯，你们先走吧，我马上就来。"卡拉塔摆摆手。

小伙伴们渐渐走远了，终于只留下卡拉塔和模型恐龙。他一步步靠近那头逼真的霸王龙，闭上眼睛深吸一口气，然后拉开书包捧出了他的小神鼠："嘀嘀嗒，我想穿越去白垩纪！"

嘀嘀嗒活动活动筋骨，张开眼瞥了卡拉塔一下："你不会是因为刚才那个男生的话受刺激了吧？去白垩纪？我劝你还是省省吧！"

"不！我一定要去！我要变成霸王龙！"卡拉塔坚定地说。

嘀嘀嗒抿着嘴，生怕卡拉塔只是一时被冲昏了头脑："白垩纪那可是恐龙的时代！那里危机重重，闯入者随时都有送命的可能啊！"

"我知道！我不怕！"卡拉塔歪着头，斩钉截铁地说。

"你真的想好了？"嘀嘀嗒一脸的无奈，他知道卡拉塔的倔劲儿又上来了。

"绝不后悔！"卡拉塔蹙着眉头，摆出一副不达目的誓不罢休的样子。

"好吧，既然你决心已定，那我就带你去体验一下吧！但是你必须答应我，万事要小心，可不能再像前几次那么冲动了！"

"好的好的，我保证，如果胡来，随你怎么处置！"卡拉塔信誓旦旦地说。

"那行吧，既然你决定了，我们这就走吧。"嘀嘀嗒点点小脑袋，动作麻利地举起了脖子上的小银哨，放到了嘴上，"咻——咻——咻——"。

就在这时，模型恐龙忽然又"啊嗷——"一声吼叫起来，阴沉的吼声彻底掩盖了清脆的哨音。

随着黑暗的猛烈袭来，熟悉的沉重感和下坠感很快又将卡拉塔包围起来，不过这一次他没有半点慌张，而是十分沉着地等待着光亮的到来。

卡拉塔好像迷迷糊糊地睡了一觉，醒来的时候下坠感已经消失了，黑暗却依旧在周围笼罩着，他感觉身上有点黏腻潮湿，四肢也仿佛被什么东西束缚着伸展不开。

"叩叩叩！卡拉塔！卡拉塔！"是嘀嘀嗒的声音。

卡拉塔下意识地猛蹬开两条腿，随着一阵噼里啪啦的声音，无数道光线划破黑暗，直射他的眼睛。

"嘀嘀嗒，嘀嘀嗒，你在哪儿？"卡拉塔一边努力适应着刺眼的光线，一边扒拉开挡在眼前的东西。

哗啦啦——卡拉塔挣扎着从一个白色的圆壳里爬出来，透明的液体从他探出脑袋的地方不停地涌出。

一 霸王龙的秘密

"原来我是在霸王龙妈妈的蛋里面啊！"卡拉塔万分惊讶地感叹道。

"对啊，准确地说，我们现在是在霸王龙妈妈做的窝里。既然要做一次霸王龙，当然要从最原始的状态开始，了解我们霸王龙的整个成长史喽！"一只可爱的小霸王龙正朝卡拉塔挥舞着胸前一对萌萌的小爪子，卡拉塔一下就认出来了，他就是嘀嘀嗒！

我们在霸王龙的窝里啊？卡拉塔好奇地环顾四周，这其实就是一个中间微微凹陷的小土包，稍微往窝沿上趴一点，就能看见外面的环境。卡拉塔伸长了脖子，看到窝外的一边是辽阔的草原，另一边则是茂密的森林。暖风徐徐吹过，带来了森林里植物与泥土混合的味道。卡拉塔正享受着这宁静的氛围，背后忽然传来"呜——"的一声长啸。

卡拉塔被吓得浑身一哆嗦。

"没事，没事。"嘀嘀嗒赶紧安抚道。

卡拉塔战战兢兢地转过身，顿时被眼前的景象吓得一动都不敢动。

原来是一只活生生的霸王龙啊！虽然体型没有博物馆里的模型那般高大，但是初次看到，还是感觉特别震撼。只见那霸王龙的两条后腿如树干一般粗壮，身上的关节硬朗而弯曲，巨大

一 霸王龙的秘密

的头颅和长到可以绕过土窝另一端的尾巴，在卡拉塔面前晃来晃去，凸起的眼眶里嵌着和蜥蜴一样的眼珠子。卡拉塔绷紧神经，生怕自己一不留神就成了这个大家伙的点心。

"哈哈哈，瞧你那怂样，别这么紧张，这是我们的霸王龙妈妈希塔。"嘀嘀嗒悠闲地靠在窝沿上调侃卡拉塔。

霸王龙妈妈希塔用鼻尖轻轻地蹭蹭刚出生的卡拉塔，痒丝丝的感觉在卡拉塔身上蔓延开来，刚才的紧张感顿时化解一空。温暖的气息不断地从希塔的鼻孔中呼出来，很快吹干了卡拉塔身上黏嗒嗒的液体。他愉快地抖了抖脑袋，也亲昵地发出一声"啊嗷——"

　　"嘀嘀嗒，没想到，外表这么可怕的霸王龙妈妈，对待宝宝竟是这么温柔的呀。"

　　"嘻嘻，霸王龙可是一种复杂的动物啊，你没想到的还多了去了。"

　　"你们两个小家伙在嘀咕什么呢？"希塔满心欢喜地看着两个刚出生的宝宝在面对面地奶叫。

　　还没等卡拉塔和嘀嘀嗒张口回答，又有两个椭圆形的小脑袋

一　霸王龙的秘密

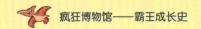

挤了上来："妈妈，妈妈，我饿了！我饿了！"

"好的，小宝贝们。"希塔妈妈的注意力很快就被另两只嗷嗷待哺的小霸王龙吸引了过去。

原来，同一窝的小霸王龙，除了卡拉塔和嘀嘀嗒以外，还有一只小公龙和一只比卡拉塔晚一点破蛋的小母龙。

"是哥哥和妹妹啊，看来这次的旅程应该会很热闹呢！"卡拉塔靠在嘀嘀嗒身边，饶有兴致地观察起了自己的"龙族兄妹"。

但是他的兄妹们似乎对他并没有什么兴趣，瘦弱的卡拉塔即使变成了霸王龙，也还是身材较为瘦小的一只。倒是肥嘟嘟的嘀嘀嗒，竟变成了一只健壮的小霸王龙，居然还有几分威武哩。

才出生不久，还没见过世面的两只小霸王龙兄妹，叽叽喳喳地围在嘀嘀嗒身边问个不停：

"大哥大哥，你知道我们的前爪有什么用吗？"

"大哥大哥，为什么你的个头比我们大这么多呀？"

"大哥大哥，妈妈还没给我们取名字呢，我们以后怎么互相称呼啊？"

　　嘀嘀嗒被他们烦得不行，便顾自走到窝沿上眺望远处。被冷落的小龙兄妹倒也没显示出多少失落，又和飞过的昆虫玩了起来。卡拉塔觉得他们怪可爱的，这俩小家伙连自己的名字都还不知道呢，就学会奶声奶气地叫大哥了。看着眼前这两只爱玩昆虫的小奶龙，卡拉塔还真难联想到博物馆里那个满嘴尖牙、凶猛异常的远古猎食动物。

　　希塔一会儿在窝边来回踱步，警惕地四下张望，一会儿又蹭蹭窝里的小宝贝。

　　接近黄昏时，一股隐隐的血腥味从森林的一边飘了过来，伴随而来的还有阵阵沉重的脚步声，嗵嗵嗵地向这边慢慢靠近。

二　翼龙的袭击

　　树林里的树叶沙沙作响，而且随着脚步声越来越近，树叶的动静就越大。

　　看来将要登场的是个大家伙呀！

　　可是很奇怪，从树林里飘来的血腥味，似乎夹杂着一股熟悉的味道，这味道很像希塔妈妈身上的气味，不仅没有让卡拉塔感到害怕，反而还很想往那个大家伙的方向跑。

　　唰啦啦——一大块肉蓦地从树林中飞出，紧随其后的是一只比希塔妈妈还要巨大的霸王龙，也从树丛中钻了出来。他的嘴里还滴着鲜血，圆锥形的尖牙交错生长，有几根甚至伸到了嘴巴的外面，震慑着任何想要靠近侵犯的生物。

　　希塔很自然地走过去，叼起地上的大肉，衔到了窝边，然后开始咬成一小块一小块。

　　"哇，有肉吃啦！"

　　"嗯，好香啊！"

　　小霸王龙们兴奋地嚷嚷着，一丝血腥味钻进了卡拉塔的鼻子里，立马激起了他的食欲，他不顾一切地扑上去，和大家一起争先恐后地撕咬起了小肉块儿。

希塔依偎在那条大龙身旁，欣慰地看着孩子们狼吞虎咽。不一会儿，那一大堆的肉块就消失得无影无踪，全跑到小霸王龙们的肚子里去了。

"嘀嘀嗒，这位就是霸王龙爸爸吧？"吃得饱饱的卡拉塔，心满意足地靠在窝沿边，望着恩爱的霸王龙父母问道。

嘀嘀嗒舔舔嘴，点点头："对啊，这是我们的爸爸艾尔，样子是不是比博物馆里的模型还要威武许多？"

的确是呢！卡拉塔用崇拜的目光望着霸王龙爸爸艾尔：那健硕粗壮的后肢、嵌着几道深痕的脖颈，还有沉稳笃定的目光，都让人感觉一切尽在他的掌控之中。虽然，博物馆里的霸王龙有会闪光的电子眼和专业音效师制作的吼叫声，但是都及不上眼前艾尔爸爸万分之一的风采。

有这样可靠的爸爸，吃饱喝足的几个小龙宝宝都安心地在躺倒在窝里，呼呼大睡起来。而希塔和艾尔还在热烈地讨论着该给孩子们取怎样的名字。经过一夜的讨论，他们终于给几个小宝贝取好了名字，分别叫嘀嘀嗒、卡拉塔、雷吉和多菲。当然，大部分还是妈妈希塔拿的主意。

"嘀嘀嗒，卡拉塔？"艾尔觉得这两个名字有些奇怪，不像名字，更像是声音。

希塔笑着解释道："你看老大和老三，总爱凑在一起，发出嘀嘀嗒、卡拉塔的奇怪声音，那就叫他俩嘀嘀嗒和卡拉塔吧，我看挺合适……"

"好吧。"对于孩子们叫什么，艾尔其实无所谓。这是一个典型的大男子主义父亲，他觉得比起取名字这些琐碎的小事，更需要他去承担的是让宝宝们平安生存下去的责任。

在希塔妈妈和艾尔爸爸的精心照料下，四只小霸王龙幸福地成长着。他们长得非常快，没几天工夫，他们就会溜下土窝，独自在树林边的草地上跑来跑去了。

一天清晨，卡拉塔还在睡眼惺忪地抗拒着直射在脸上的阳光呢，艾尔爸爸就已经早早地出去为大家寻找食物了。

睡醒了的多菲和雷吉开始迎着朝阳在窝里嬉戏打闹，嘀嘀嗒的睡功实在是好，两个小家伙没轻没重地在窝里闹腾来闹腾去，他竟丝毫没有感觉，可是卡拉塔就被吵得睡不着啦。

"呜——我还困着呢，你们吵死了。"卡拉塔皱着眉半睁开眼，但是多菲和雷吉完全没有理会他的不满，依旧用牙齿还没长齐的小嘴咬来咬去。卡拉塔实在没办法，只好叹口气，跌跌撞撞地爬出土窝，一头栽进了土窝下的草丛中。

土窝周围的草丛下有一片阴影，刚好挡住了早上刺眼的阳光，干爽的草地就像凉席一样诱人，卡拉塔舒服地躺在阴影里，

二 翼龙的袭击

准备给自己再续一个回笼觉。

忽然，不远处的丛林里传来一阵窸窸窣窣的声音，迷迷糊糊的卡拉塔翻了个身，心想着反正有希塔妈妈的保护，便继续迷迷糊糊地睡去。

可此时的希塔妈妈，正在思考一个问题，那就是宝宝们正在快速成长，是不是得尽快把窝扩建一下，所以她完全没有留意到卡拉塔已经溜到土窝的外面去了。

又是一阵窸窸窣窣的声音，迷糊中的卡拉塔猛然感受到背后仿佛有什么东西在盯着他，他不禁一个激灵清醒过来，回头一望——几米外的树林中，倏地探出一个三角状的长嘴尖脑袋。这嘴还真不是一般的长啊，就像一把火钳似的，都快要碰到地上了。而那个贼头贼脑的脑袋下面，流线型细长的身躯，则完美地隐匿在了高大的树木后面。

"喂，你好啊！"卡拉塔完全没想到，自己刚来这里就有动物对他这么感兴趣，不免有些受宠若惊，于是抬起小脑袋，主动和这个害羞的家伙打起了招呼。

但是那个"尖脑袋"并没有上前，也没有回话，只是继续盯着卡拉塔。

"我叫卡拉塔，你不用害羞……"卡拉塔见对方没什么动静，翻了个身站了起来，友善地朝那个"尖脑袋"靠近了两步。

对于卡拉塔的热情招呼，这个"尖脑袋"好像并不为之所动，他只是微微摇晃了一下身体，眼神直勾勾地，带着贪婪。

卡拉塔终于察觉到了异样，他赶紧停下屁颠屁颠的脚步，时间仿佛就在这一刻突然凝固了，四周安静得连一根针掉在地上也能听见。

卡拉塔屏住呼吸，心中的疑团不断升起：这异样的静谧，怎么会如此可怕又似曾相识呢？

啪嗒一声，"尖脑袋"的口水滴了下来，重重地砸在落叶上。这一幕，迅速勾起了卡拉塔的回忆：这是捕猎者在猎取食物前的宁静！他立马回神，朝着还在土窝边思考问题的希塔妈妈跑去。但是说时迟那时快，"尖脑袋"也像离弦之箭般轻扇羽翼飞出树林，一个纵身就精准地咬住了卡拉塔的脖子。

二 翼龙的袭击

揪心的疼痛霎时传遍全身，卡拉塔浑身抽搐起来，他用尽全身力气，不断地踢打着尖脑袋，企图摆脱他的纠缠，但"尖脑袋"却死死不松口，他扭着长长的脖子，拼命把卡拉塔往树林的深处拽。身上的皮肉被不断撕扯的卡拉塔，感觉自己就像被铁链紧紧束缚着一样，越是挣扎越是疼得厉害，他忍不住高声向希塔妈妈呼起救来。

凄惨的呜咽声穿过茂密的枝丫，穿出树林钻进了希塔的耳朵里，她立刻察觉到了不对劲，仰起脖子朝着树林喊了两声。听到龙妈妈的呼唤，卡拉塔的求生欲望愈发强烈了，他使劲挥舞着胸前的小爪子，其中一下猛然刮到了"尖脑袋"的脖子。"尖脑袋"疼得松了一下口，卡拉塔立即抓住时机放声大叫："妈妈救我！"

听到卡拉塔的呼救，希塔第一时间冲向树林。

希塔沉重的脚步声虽然步步逼近，"尖脑袋"却并没有立刻放弃。他转过头，对准卡拉塔的后脖颈，企图重新下嘴。希塔循着卡拉塔凄厉的叫声，飞快追了过来，这一幕正好映入她的眼帘。看到自己的孩子受到这般伤害，希塔愤怒地吼叫，张开大嘴凶狠地冲向"尖脑袋"。

令人猝不及防的是，希塔前脚刚进树林，两只体型更大的"尖脑袋"就从树林的另一边蹿了出来，直奔失去守护的土窝。

没有成年霸王龙看守的土窝，这时候简直就像一个自助点心

二 翼龙的袭击

台。两只"尖脑袋"来到土窝边，用长长的喙一下一下地攻击着小龙宝宝们。

这一招调虎离山计果然很毒，树林里的那只"尖脑袋"并没有恋战，他见计谋得逞，便露出小人得志的奸笑，企图在希塔扑过来之前溜之大吉。但他显然低估了一个母亲的愤怒，当他刚伸展翅膀准备飞走时，就被希塔一口死死咬住了关节。

希塔狠狠地甩着头，三下两下就折断了"尖脑袋"一扇几米长的翅膀。然后又一个回身，更加干脆利落地折断了"尖脑袋"的另一扇翅膀，将这个胆敢侵犯自己孩子的家伙死死地踩在脚下。

这时，更多的呜咽呼救声从土窝的方向不断传来。

"不好！是孩子们！"希塔心中一紧，便无暇再顾及脚下这个坏蛋。她衔起卡拉塔，以最快的速度冲向土窝。

"救命啊——救命啊——"此时，体型较大的两个"尖脑袋"一只衔头，一只叼尾，合力咬住最瘦小的多菲，伸展开船帆似的翅膀，想要将这个猎物"打包"带走。多菲吓得连声呼救，嘀嘀嗒和雷吉见状，赶紧咬住妹妹的两条腿，和坏蛋们殊死较量。

准备起飞的"尖脑袋"们像两片乌云，慢慢升向空中，渐渐被拉离窝内的多菲惊恐万分，她使劲地蹬着两条腿，想要挣脱，没想到却一脚踹在了雷吉的脑门上，疼得雷吉一分神松了口，多菲被腾地一下拽起大半边。

见此情景，希塔的心仿佛被捅了一刀，她声嘶力竭地扑过去，张开利齿对准其中一只"尖脑袋"的下半身猛咬下去，只听一阵骨头碎裂的咯嘣声，那只"尖脑袋"瞬间从空中坠落。死咬着多菲后退的嘀嘀嗒忽然失去平衡，一不小心跌坐在地上。叼着多菲的另一只"尖脑袋"顺势一拽，将嘀嘀嗒甩开，拖着多菲歪歪斜斜地准备离开战场。

"妈妈，快救多菲！"眼看"尖脑袋"就要把妹妹给带走了，倒在地上的卡拉塔赶紧朝妈妈大声呼救。

但是，那只被希塔咬中下半身的"尖脑袋"扑腾着羽翼阻碍希塔的视线，让希塔一时间无法脱身。

抓着多菲的"尖脑袋"晃晃悠悠地飞悬在树梢一般高的地方，嘀嘀嗒和雷吉在地面上紧紧地跟随着，拼命地朝多菲喊叫，但却根本没办法将妹妹解救下来。

眼看多菲就要被坏蛋叼走了，束手无策的希塔和兄弟仨发出了悲伤的嚎叫。

树林里露出了许多高高低低的脑袋，那些脑袋下面的脖子几乎都和树木一般高，远远望去就像一座座摩天大楼一样。这些圆圆的脑袋正在枝头舔食着鲜美多汁的嫩叶，看起来悠闲自得，完全就是一副事不关己的样子。

"好心的腕龙哥哥，请救救我们的妹妹吧，她快被那些尖脑

二 翼龙的袭击

袋抓走了!"卡拉塔想起学校生物课本上曾经见到过的图鉴,知道这些庞大的动物应该就是腕龙,便挣扎着爬起身,虔诚地向这些素食龙求救。

但是那些腕龙只朝他甩了甩尾巴,继续自顾自吃着树叶。

卡拉塔顿时傻了眼,他以为只吃叶子的腕龙应当是善良和蔼的,却没有想到竟然会如此冷漠。

在这万分危急的时刻，一块大石头丛林中飞出，不偏不倚正好砸中了半空中的那只"尖脑袋"。他"嗷"的一声惊叫，下意识地松开了口，多菲这才脱离魔爪，跌落在了地上。

嘀嘀嗒和雷吉见状，连忙向多菲跑去。

被石块砸疼的"尖脑袋"恼羞成怒，他扑闪了几下双翼，一个俯冲下来，正准备再次朝小龙们扑去。忽然，一只巨大的龙掌横扫过来，眨眼就将"尖脑袋"打得七荤八素。

"啊嗷——"

震耳欲聋的吼叫声响彻林间，无数始祖鸟惊吓得扑腾着翅膀飞离树林。伴随着沉重的脚步声，艾尔像汹涌的巨浪一样冲到"尖脑袋"面前，看到从高处摔下来的多菲痛得不住呜咽，艾尔又心疼又气恼，他挥动巨掌将那只胆敢来袭的"尖脑袋"砸得一命呜呼。

于是，卡拉塔一家这天的食物，除了艾尔捕回来的猎物，还有两只粉身碎骨的"尖脑袋"。经过这番折腾，大家都饿得不行，扑上去就是一顿撕咬。不过，尽管食物很新鲜，卡拉塔却一点胃口也没有，他低垂着头，不时地瞄一眼多菲。

从高空摔落伤了腿的多菲无法动弹，只能歪着脑袋，靠希塔妈妈把肉撕成一小块一小块喂给她。卡拉塔心里很不是滋味，他悄悄地缩起身体，看着大家狼吞虎咽。

二 翼龙的袭击

"卡拉塔，你怎么不吃啊？"大大咧咧的雷吉看看卡拉塔，边吃边说道，"你要是不饿，我可就把你的那份也吃了啊？啊呜——啊呜——"

嘀嘀嗒叹了口气，从雷吉嘴边抢过一大块肉，叼到卡拉塔身边："别发愣了，快吃吧！"

卡拉塔摇摇头："你吃吧，我不饿。"

"拉倒吧，我还不知道你想什么呀！"嘀嘀嗒偏过头，看看多菲，又回头看看卡拉塔，"你要是连这点承受能力都没有，那我们还是趁早回去吧。"

卡拉塔把头垂得更低了："今天，要不是我跑到窝外面，希塔妈妈就不会离开土窝，多菲妹妹就不会被'尖脑袋'抓走摔伤了。"

嘀嘀嗒凑上前："我懂你的想法。但是，即便你今天不跑出土窝，这些'尖脑袋'也会想办法对我们下手的。"

卡拉塔不敢相信地看着嘀嘀嗒："要是希塔妈妈在，他们也敢吗？"

"对啊。"嘀嘀嗒点点头，"这些'尖脑袋'是风神翼龙，经常以霸王龙的幼崽和其他的小型陆地生物为食。"

"吃陆地生物？可是这些翼龙长得这么像海鸥和鹈鹕，我还以为他们是吃鱼虾的呢。"

嘀嘀嗒摇摇头："才不是呢，你别被他们又尖又长的喙给迷惑了。你看到他们和翅膀连在一起的前肢，还有长脖子没有？"

"嗯！那个脖子太吓人了，我感觉他的身子都没有脖子的一半长！"回想起刚才的情景，卡拉塔还是有些后怕。

"对啊，你想想，这么长又僵硬的脖子，在像海鸟一样俯冲到水面的时候，会因为不够灵活，重心不稳栽进水里，这样哪能抓到在水里自由自在游泳的鱼儿呢？而霸王龙不像一般的食草恐龙那样成群结队，刚出生的龙宝宝又没有自卫能力。光靠一只成年霸王龙，是很难顾全所有的恐龙宝宝的。"

嘀嘀嗒的分析和解说，让卡拉塔恍然大悟："那也就是说，风神翼龙是霸王龙的天敌啊？"

"嗯，可以这么说。"嘀嘀嗒认真地说。"所以啊，你不用太自责。快吃东西吧，在霸王龙成长的过程中，这只是小挑战呢，你不多吃点东西快点长大的话，是很难招架住后面的考验的。"

嘀嘀嗒的一番开导，让卡拉塔的心情稍稍好了一些。他开始认真地吃起了面前的食物，并暗下决心，一定要做一只能够保护家人的强壮霸王龙。

三 忽然变凶的艾尔爸爸

幼小的霸王龙们成长速度极快，没过多久，他们就已经高及希塔的腿部，成了一群不安分的捣蛋分子。

四个精力旺盛的龙宝宝每天上蹿下跳，缠着希塔没完没了地问各种问题。

"妈妈，妈妈，为什么有的龙脖子那么长，那么长？"

"因为他们要去够树上的叶子啊，长得越高的叶子，味道越鲜嫩。"

"妈妈，妈妈，为什么有的龙只吃几片叶子就能长得这么大呢？"

"他们可不是只吃几片叶子哦，要吃饱啊，那都是成片成片地吃的。"

"啊？可是这样树林不就会被吃没了吗？"

"对呀，所以这些龙常常会到处迁徙，寻找食物。"

"哦，怪不得！那我们是不是也要到处迁徙啊？"

"这个，要看情况啦，要是我们在这儿找不到食物了，当然也是要换到别的地方去住的喽。"

"那妈妈，为什么我们不能像那些鸟儿一样抓到虫子呢？"

"因为我们没有始祖鸟那样的翅膀啊。"

"可是，以前那些'尖脑袋'怎么也有翅膀，还把我抓到好高好高的地方去呢？"

　　"嗯，那是翼龙，所以也是有翅膀的。你们知道吗？还有在水里生活的恐龙呢，也是非常可怕的……"

　　多菲听得战战兢兢："啊！那我……，那我……还会被抓到水里去吗？"

"多菲你别怕，等我们长得像爸爸一样大，就不用怕那些龙了。"雷吉骄傲地说。

希塔妈妈欣慰地蹭蹭雷吉的鼻尖："嗯，雷吉说得对，你们要乖乖地吃饭，好好学本领，这样长大了，就谁都不怕了。"

多菲听到妈妈和雷吉这么说，弱弱地问："是吗？连那些体型比我们大好多的甲龙，那些脖子老长老长的腕龙，还有会在天上飞来飞去的翼龙，都不敢欺负我们了吗？"

卡拉塔挤到多菲跟前，坚定地说："就算他们来，我们也会保护好你的，多菲不用怕！"

多菲开心地笑了。

"妈妈，妈妈，我们什么时候才能像爸爸一样去外面找食物啊？"雷吉又憋不住了。

"等你们再长大点儿，就可以了。"

"再长大点儿，是什么时候呢？"雷吉一副迫不及待的样子。

"快了，快了。"希塔慈爱地看着孩子们，既希望他们快点长大，又希望他们不要长大，不要知道这个世界的残酷，这样就可以永远无忧无虑地待在自己身边，一家人快快乐乐地生活在一起。

然而，想法毕竟只是想法。万物生长、起落循环，是再伟大的母爱也阻挡不了的自然规律。

一个晴空万里的日子，艾尔爸爸并没有像往常一样，一大清早就出门去寻找食物。他静静地伫立在丛林边，以挺拔的身姿眺望着远方。

希塔幽幽地叹了口气："这一天，还是来了……"

"别这么感伤，孩子们总是要长大的！"艾尔低沉着嗓子，慢慢地走到土窝边，叫醒了四个还在睡梦中的孩子："快起来了，从今天开始，你们每天早上都要跟着我一起出门了！"

"什么？我们可以跟着爸爸一起出门了？！"听到这个消息，雷吉第一个腾起，兴奋得就像收到了礼物一样。

其他几个也陆续直起身子，睡眼惺忪地问道："爸爸，我们今天要去干啥呀？"

"起来，一会儿你们就知道了！"艾尔说着，径直往树林里走去。

"快，跟上你们的爸爸！"希塔催促着孩子们。

四只小霸王龙赶紧跳出土窝，跟在了艾尔爸爸的身后，希塔妈妈走在大家的后面，谨慎地观察着周围的情况。

卡拉塔发现，虽然距离上次遭受神风翼龙的袭击才不过几个星期，但树林里的树叶竟已少了大半。之前还密不见天的林间，如今仿佛已被开了许多天窗，可以抬头望见一块一块的蓝天了——食草恐龙大快朵颐之后，树林间有了更大的活动空间。

阵阵风儿吹过，树叶沙沙作响，盖住了四只小霸王龙的窃窃私语。

"嘀嘀嗒，你猜艾尔爸爸会带我们去干什么呀？"卡拉塔难抑激动地轻声问道。

嘀嘀嗒似乎并无头绪："不知道啊，看这情形，应该是要教我们些什么技能吧？"

"终于要开始了吗？霸王龙的成长之路！"卡拉塔眼睛一亮。

"傻瓜，在你踏进白垩纪的那一刻，就已经在这条路上了。"嘀嘀嗒点了点卡拉塔的脑门子。

"那可不能算！"卡拉塔固执己见道，"之前的那些个状况呀，都只能算意外，真正王者的试练，哪有这么简单啊！"

另一边，多菲和雷吉也在小声地揣测着艾尔爸爸带他们来此地的用意。

"雷吉，我还没见过妈妈这么紧张呢，弄得我也慌兮兮的。"多菲有些害怕。

"是呀。不过，你的腿伤都快好了，不用太担心的。我，卡拉塔，还有大哥嘀嘀嗒都在呢，我们都会保护你的！"雷吉拍着胸脯安抚多菲。

"爸爸，我们这是要去什么呀？"卡拉塔实在按捺不住好奇心，终于仰头向艾尔开口问道。

一直一言不发的艾尔，终于在一条小溪边停下了脚步。他转过身，严肃地对四只小霸王龙说："现在，你们已经不是刚会走路的小宝宝了。从今天开始，我就要正式教你们学习生存的本领了！"

"好耶！"急性子的雷吉忍不住欢呼起来，他双腿摩擦着地面，一副跃跃欲试的样子。

卡拉塔和嘀嘀嗒也兴奋不已，因为在他们看来，"生存本领"这四个字，听起来就是"很厉害"的代名词。

"学会了生存本领之后，我们就可以自己去探索这个世界了！"嘀嘀嗒朝卡拉塔挤挤眼。

卡拉塔立即心领神会，这可不就是他此行的目的吗！

只有多菲，一副快要哭了的样子，扑向希塔妈妈的怀里："那是不是等我们学会了，就要离开爸爸妈妈了呀？我不要！我不要！"

希塔妈妈的眼角瞬间就湿润了，但她还是坚决地后退了一步，转过身，躲开了扑向她的多菲。

希塔妈妈的举动，一下子让多菲目瞪口呆，她万万没想到一向百般宠爱自己的妈妈，竟然会转身躲开她。

这时，艾尔爸爸满脸严肃地吼了起来："我现在要教你们的每一课都非常重要，你们四个，集中注意力！不许撒娇！不许退缩！不许说不！听懂了吗？！"

"那可以吐舌头吗？"还没适应爸爸突然变严厉的雷吉，要宝似的跳到大家前面，扮起了鬼脸。

"不准嬉皮笑脸！"艾尔严厉地瞪住雷吉，一下子把他打回了原形。

"那，我们现在该做什么呢？"嘀嘀嗒小心翼翼地问道。

"你们各选五块比自己脑袋大的石头。"艾尔爸爸下达了第一道训练命令。

"哈哈，这个简单！"雷吉嗖地一下跳起来，抢先占住了离自己最近的几块大石头。

"呀，你耍赖！"卡拉塔昂着头，不服气地喊道。

"这哪里耍赖啦？明明是我反应快嘛，哈哈，你再去旁边搬几块来呗。"雷吉得意地抖着肩，护住自己抢到的石头。

"不就几块石头，得意什么呀！"多菲看到雷吉这么扬扬得意，不禁也有些小生气。

"卡拉塔，多菲，我们走，去树林里再找几块更大的。"嘀嘀嗒帅气地转身，率领着弟弟妹妹往不远处的树林走去。

这时的卡拉塔已经在心里跟雷吉怄上了气，他下定决心，一定要捡块很大很大的石头，挫挫雷吉的锐气。于是他费了好大

的劲儿，捡的石头一块比一块大。

不一会儿，卡拉塔就骄傲地把一大堆石头摆在了艾尔爸爸的面前，他还不时瞟雷吉几眼。

"卡拉塔，有挑战精神，非常好！"艾尔爸爸的声音听起来不容置疑，"现在，你们把自己面前的石头扔到对岸去，扔不到对岸的，下到河里去把石头捡回来重扔。"

卡拉塔顿时傻了眼，在心里暗暗叫苦："天哪，我可真是被好胜心给害惨了！"

嘀嘀嗒看到卡拉塔面有难色，悄声问道："卡拉塔，你要不要和我换两块啊？"

卡拉塔赶紧点头。没想到耳尖的雷吉在一旁听到了，立即向爸爸打起了小报告："爸爸，爸爸，卡拉塔犯规，他想和大哥换石头！"

"嗯？是这样吗，卡拉塔？"

艾尔爸爸看起来没有任何表情，但这更让卡拉塔感觉后背一凉：这可千万别是暴风雨来临前的宁静吧？

"啊，没，没有，爸爸。"

"好，那就开始吧！"

既然小聪明要不成，那就只能硬着头皮上了。

多菲捡的石块都挺小，所以很快就完成了任务，艾尔爸爸便让她在一旁休息。然后嘀嘀嗒和雷吉，也先后完成了任务。此时，

39

卡拉塔还剩下两块大石头，多菲和嘀嘀嗒都在为卡拉塔加油。但是倒数第二的雷吉，却在卡拉塔边上得意扬扬地扭起了屁股。

"走开，别挡着我！"卡拉塔感觉肺都要气炸了，他大喝一声，红着双眼把最后一块石头勉强扔过了河。

石头落地，卡拉塔稍稍松懈下来，这时他才感觉到脖颈异常的酸痛。

"啊呀，你的脖子都红肿了，要不要去河水里泡一下啊？"嘀嘀嗒建议道。

但是严厉的艾尔爸爸并没有给卡拉塔一点喘息的时间，就立即下达了第二道训练指令："你们，顺着河流往前跑！"

"要跑到哪里为止啊？那个拐角那里吗？"雷吉天真烂漫地凑到河流边，顺着流水张望。

艾尔爸爸淡淡的一句话，就把雷吉给噎回去了："跑到我说停下为止！"

嘀嘀嗒知道，这样的训练是为了让他们在将来的捕猎中更有力量，但是一上来就进行如此高密度的训练，未免也太严厉了吧。于是他鼓足勇气说道："艾尔爸爸，卡拉塔都还没喘匀气呢，而且妹妹的脚伤也还没完全好，能不能换一个训练项目啊？"

艾尔爸爸怒目一瞪，大声喝令道："不许讨价还价，跑！"

一瞬间，林子的虫儿都惊得飞起，四只小霸王龙也吓得拔腿就跑。

"就这样，不要停。被我追上的，就没早饭吃！"艾尔爸爸催命鬼似的跟在后面。

四只小龙咚咚咚咚，头也不回地往前横冲直撞。这么大的动静，顿时引来了森林居民好奇的关注：清冽冽的河水里，刚刚睡醒的长尾巴蛙蝾好奇地朝岸上探出脑袋；绿油油的草地间，正在晨练的小蜥蜴差点被卡拉塔一脚踩扁；光溜溜的卵石上，狗一样大的魔鬼蛙被惊吓得吐出了刚抓到的小土拨鼠。

"没错，很好，就是这样！"艾尔爸爸在后面不断地激励着孩子们，这激励仿佛一道无形的鞭策，驱赶着他们不断往前跑。

河水涓涓流淌，总也见不到尽头。

"好累啊，我要不行了，我要不行了……"落在了倒数第二的卡拉塔，大口喘着粗气，感觉快要窒息了。

雷吉和嘀嘀嗒的表现稍微好些，可能是因为他俩身体比较健壮，仍勉强保持着之前的行进速度。而跑在最后的多菲，脸色已经煞白，完全是一副"宝宝心里苦，宝宝说不出"的可怜相，连一句话也说不出了。

四　生存第一课

太阳渐渐升高，阳光变得刺目起来。一直大量消耗着体力的霸王龙宝宝们，感觉肚子里像有个磨盘在转一样，浑身都在颤抖。渐渐的，他们的速度明显慢了许多，但是艾尔爸爸仍然没有让他们停下来的意思。

卡拉塔又渴又饿，喉咙干得直冒烟。就算不给东西吃，停下来喝口水也好啊！他这么想着，脑袋下意识地往河那边转过去。

"注意力集中！"艾尔爸爸严厉地喊道。

卡拉塔吓得赶紧缩回脖子，两眼一闭，牙根一咬，奋力往前冲了好几步。也许是太紧张，冲得太猛了，竟来不及睁开双眼，就一头撞到了前面的雷吉。

雷吉被这突如其来的一撞，一个没站稳，又迎头撞上了前面的嘀嘀嗒，紧跟在后面的多菲来不及"刹车"，也未能幸免。

"哎哟，卡拉塔，你的脚！"

"多菲，你的爪子别乱抓嘛！"

"哈呼哈呼，这是谁的尾巴啊，别甩了！"

"咳咳咳，你们快下来，我快喘不过气了！"

四只小霸王龙狼狈地摔成一团，你的尾巴缠着我的腿，我的爪子刮到了他的脸，大家都吭哧吭哧地喘着粗气，挣扎着试图从这团"乱麻"里抽身出来。树上的小鸟见到这幅滑稽的场面，禁不住咯咯咯地大笑起来。

"哈哈哈哈——"四只小霸王龙也忍不住嘻嘻哈哈笑了起来。虽然摔倒了，但是终于暂时停下了这可怕的跑步。

　　他们开心地大笑着，微风把他们的笑声带到了树林的每一个
角落，他们全然不顾艾尔爸爸严厉的眼光，尽情地享受着这一
刻的欢乐。

　　快乐毕竟是暂时的，艾尔爸爸怎么可能放任他们一直这样赖
在地上呢，他低头看着这几个嘻嘻哈哈的小家伙，皱着眉头从
喉咙里发出了低沉的吼声："笑够了没有！"

四　生存第一课

　　看到艾尔爸爸的表情，孩子们立马收起了笑声，老老实实地爬了起来。

　　"今天，你们的表现非常糟糕，都给我待在这儿好好反省！"艾尔爸爸丢下这句话，头也不回地往树林深处走去。

　　艾尔刚走，希塔妈妈赶紧抢上前来，关切地问道："你们有没有摔伤啊？嘀嘀嗒，被压疼了吧？卡拉塔、雷吉，你们的头怎么样？多菲，你的腿有没有不舒服？"

　　"妈妈你放心，我们好着呢！"雷吉大大咧咧地摇头晃脑。

　　"对啊，对啊，我们只是摔了一下，没什么大事，就是……"多菲支支吾吾的。

　　"就是爸爸今天太不讲道理啦。"卡拉塔站出来，说出了大家的心声，"甩完石头都没力气了，还让我们这样不停不停地跑，连口水都不让喝。"

　　"可是，你们现在中气不是挺足的嘛。"希塔妈妈笑了起来。

　　"我们是霸王龙，是冷血的杀手唉！应该教我们怎么打架呀，吼！哈！"雷吉对着空气用力猛咬了几下，"怎么能一上来就学逃跑呀！"

　　"多亏卡拉塔摔了那一下，不然我们到现在还在跑呢！"嘀嘀嗒也在一旁帮腔。

　　见兄弟几个说相声似的，一个接一个地声讨着艾尔爸爸，希塔妈妈哭笑不得。

"你们几个小傻瓜，"她慈爱地碰了碰他们的脑袋，"你们以为捕猎光靠长得壮、力气大就行了吗？"

"妈妈，您的意思是，我们不光力气大就行了，对吧？！"听了希塔妈妈的话，卡拉塔顿时两眼放光，他真的希望此刻夏晓南就在这里，让他好好听听这番话。

"对啊，空有力气，没用对地方可不行。猎物可机灵着呢，你们需要学习的东西还有好多好多。"

"可等我们吃饱了再跑不是更好吗？这样饿着肚子，简直是折磨呀。"

"现在你们认为这是折磨，未来可都是宝贵的财富呢。你们想想看，要是我们正饿着肚子，猎物又跑得很快，难道就不追了吗？"

"那，那我就等爸爸把猎物抓回来！"多菲"傻白甜"地回答道。

"我的傻孩子……"希塔顿了顿，仰头道，"你们看到树上的叶子了吗？"

"看到啦，绿油油的，挺好看的。"孩子们齐声回答。

"你们看，那些深色的叶子在树上的时间长，可以帮小树叶挡风遮雨，但是深颜色的叶子长啊长，会怎么样呢？"

"会变大！"

"还会变色，掉落到地上！"

"那小树叶，就要靠自己了。"卡拉塔顿时明白了希塔妈妈的深意。

"是啊。还记得小时候偷袭你们的风神翼龙吗？你们一点点长大，这样的战斗会越来越多，到时候能保护你们的，只有你们自己。"

正说着，艾尔爸爸踩着沉重的脚步声，嘴里拽着一只嘴巴圆扁，酷似鸭子的小恐龙回来了。当他松口将小恐龙甩到孩子们面前的时候，那只一息尚存的小龙只能睁着惊恐的双眼，却没有反抗的余地。

"嘀嘀嗒，白垩纪的鸭子原来长这么大呀？好像是鸭子和恐龙的混血儿啊。"卡拉塔小声地在嘀嘀嗒旁边感叹。

嘀嘀嗒快要被自作聪明的卡拉塔气死了，他撇嘴道："这可不是鸭子，这个叫埃德蒙顿龙，是一种食草恐龙，他的嘴里有成千的牙齿，连坚硬的树干都咬得动！"

"啊！艾尔爸爸真是厉害了，这都能抓回来，还是活的。"

"你们，试着自己把肉咬下来。"艾尔爸爸对着四个孩子说道。

以前艾尔总是会先把猎物的皮咬掉，把最嫩的肉带回家。现在要他们从活着的整龙身上直接咬下肉来，可还真把孩子们给难住了。

"呼咻——"尴尬的气氛中，翻涌着一丝丝的血腥味。

"我先来！"冒失的雷吉冲上前，对着小龙的肚子就是一通胡咬。

垂死的小埃德蒙顿龙疼得不断地蹬腿，嘴里发出了微弱的哀鸣。雷吉左右躲闪了几下，但还是不幸被踢中了一脚。

　　"哎哟喂！"他一个屁股蹲儿摔在了草地上。

　　见其他几只小霸王龙都不敢上前了，艾尔爸爸眯起眼睛，猛地朝埃德蒙顿龙的脖子上咬了一口。鲜血汩汩冒了出来，埃德蒙顿龙渐渐停止挣扎，缓缓闭上了眼睛。

四　生存第一课

"要攻击脖子，记住了吗？"艾尔爸爸的话简短而有力。

四只小霸王龙却一脸茫然地点着头。

毕竟希塔妈妈更加了解自己的孩子，她走上前，比画着埃德蒙顿龙身上的部位，耐心地给孩子们讲解："你们看好了，一般来说，我们攻击的第一位置是脖子，第二位置是肚子，第三位置是尾巴。"

"是因为脖子比较细，方便下口吗？"好学的卡拉塔问道。

"没错，还有一个原因，因为脖子这里最为致命。我们的牙齿都是朝里长的，一旦咬上脖子，猎物顺势就会朝着相反的方向躲，那就很难逃脱了。"

"哦，但是如果咬在肚子上，能派上用场的牙齿不多，就很难有大的攻击力了是吗？"

"对，卡拉塔真聪明。"希塔妈妈高兴地夸赞道。

一旁的艾尔爸爸见孩子们对希塔的教育如此感兴趣，不禁暗自反思起了自己的教育方式。或许自己的表达方式太生硬了，才会让孩子们这么抵触吧？

"好了，来吃东西吧。"想到这里，他挥了挥胸前的爪子，声音温柔了不少。

听到爸爸的准许，四个小家伙一齐冲了上去，准备美美地饱餐一顿。

可是，埃德蒙顿龙柔韧的皮难住了他们。

"带着皮的肉，可真难咬下来啊！"卡拉塔大大地咬了一口，却只在猎物的肚子上留下了一排牙印。

他不服气，又狠狠地一口咬住猎物，使出全身的力气往后拽，但是猎物的肉根本就没有被撕下来的迹象。

"用脖子的力量！"艾尔爸爸走过来示范道。只见他轻咬一口，然后用力晃动脖子，只三五下就把埃德蒙顿龙厚实的皮咬开了，鲜红的肉从翻开的皮里露了出来，散发着强烈的诱惑。

雷吉、多菲和嘀嘀嗒就像着了魔似的，争先恐后朝着艾尔爸爸咬开的口子扑了过来。

"等等！"艾尔爸爸阻止了孩子们，"你们要自己咬开口子。"

饥肠辘辘的孩子们眼看食物就在嘴边，却被爸爸拦住了不能吃，心里那个痒痒的难受啊。可是看到一脸严肃的艾尔爸爸，又只得乖乖地去尝试着咬开新口子。

雷吉找准埃德蒙顿龙肚子上肥肥的部位，最先咬开了口子："耶！我先咬开了，各位，不好意思，我先开始享用啦！"

听到雷吉的欢呼，嘀嘀嗒和卡拉塔也咬得更卖力了。

很快，嘀嘀嗒也咬开了口子。卡拉塔又急又气，他看看妹妹多菲还在和自己一样使劲儿，便悄悄安慰自己：慢慢来，慢慢来，别泄气。

可是没一会儿，多菲竟也找到了诀窍，呼噜呼噜地大嚼起来。那一下一下的咀嚼声，让卡拉塔感觉这像是在对自己的嘲笑。

他的脑子里乱成了一锅粥：连力气最小的多菲妹妹，都撕

　　　　四　生存第一课

开了猎物的皮肉！卡拉塔，你可真是个没用的家伙！就你现在这样子，别说成为合格的霸王龙了，连最基本的捕猎都做不到，迟早会被饿死，不如趁早让嘀嘀嗒带你回现实世界，大不了再被夏晓南嘲笑……

卡拉塔越想越沮丧，心里不由得蹿起一团无名之火。热血上头，便完全忘记了艾尔爸爸演示的动作，只知道用蛮力对着眼前的猎物胡乱撕扯。

"嘣——"

埃德蒙顿龙的皮终于被卡拉塔撕开了一条新的口子，但是他的半颗牙齿也被崩断了，嗖的一声，飞落在了几棵树外的草丛里。

疼得龇牙咧嘴的卡拉塔哪里还有心思享受美食啊，只见他狼狈地朝着落牙的方向跑去，背后还传来了雷吉的笑声："哈哈哈，卡拉塔你可真行，吃个东西都能把牙给崩掉了……"

本来卡拉塔只是想把断牙给捡回来，但是雷吉的笑声让他觉得无地自容，于是他索性一口气往树林里冲了进去。他只想快点离开这个丢脸的地方，别再听见那令人羞耻的笑声。

呼呼的风声在耳边吹过，卡拉塔跑呀跑呀，不知跑了多久。当他停下脚步回头时，已经完全看不见家人的踪影了。

卡拉塔颓丧地靠在一棵树上，苦涩的滋味涌上心头。他自艾自怜地叹道："艾尔爸爸果然是对的，我刚才也没吃什么东西，不也还能跑这么久？唉，我真是个没用又没有毅力的废物啊！"

五　慈母龙的援手

"一只落单的小霸王龙啊，难得难得。干吗这么讨厌自己啊？让大爷来帮你吧……"一只体型比卡拉塔略大一些的恐龙从黑暗中慢慢走了出来，声音里充满了贪婪和欲望。

透过层层树枝洒下的阳光，卡拉塔看清了这只龙的面目：只见他的身上布满了褐色斑纹，体态却和霸王龙极为相似。

"哼，小龙崽子，你盯够了没啊？"面前的恐龙语气嚣张，令卡拉塔十分反感。

"你要干什么！"卡拉塔尽量鼓起气势，想要以霸王龙的架势震慑住对方。

但是对方根本不吃这一套，反而步步逼近："干什么？强壮的矮暴龙遇上没有反抗力的小霸王龙，你说要干什么？"

"矮暴龙？你也是食肉龙！"卡拉塔猛然意识到，这只矮暴龙已经把自己当成猎物了！他一转念，机智地说："你看，你也是暴龙，我也是暴龙，那我们不如一起去捕猎，抓头大的食草恐龙怎么样？肯定比你这样单打独斗的，只抓我这种塞牙缝的小龙来得过瘾吧？"

矮暴龙大笑："哈哈哈，你这个小霸王龙有意思。"

卡拉塔见矮暴龙居然被自己逗笑了，以为有戏，赶紧胡诌道："我知道附近有一个落单的埃德蒙顿龙，长得可肥了。这样吧，我全让给你，就当是我的见面礼啦……"

"不用啦！"矮暴龙忽然脸色一变，恶狠狠地说："在这个地盘上，少一头霸王龙，就等于多了几十只食草恐龙。我现在吃你一个，不亏！"

卡拉塔见矮暴龙并不上当，转身撒腿就跑。但没跑几步，就被纵身一跃的矮暴龙扑倒在地。

"跑什么？你别害怕呀。"矮暴龙又露出了假惺惺的笑脸，"我的牙齿锋利着呢，不像你们的钉子牙，我会让你很快失去知觉，感觉不到疼痛的。"

　　卡拉塔急得嗷嗷直叫，他挥舞着胸前的小爪子，用尽全身的力气与矮暴龙扭打起来。

　　见卡拉塔的攻击力如此之弱，矮暴龙十分轻蔑地说道："一只霸王龙就知道挥爪子，看来真是个没用的东西！"

　　谁知这句话竟把卡拉塔的斗志给激发出来了，他大叫一声："谁说我只会用爪子的！"便趁着矮暴龙不备，一个翻身滚到了一边，然后敏捷地跳到矮暴龙的脖子旁张口咬去。矮暴龙一惊，赶紧往后一闪，这才躲过了卡拉塔的袭击。

　　"好小子，还想垂死挣扎，那我就陪你玩玩！"矮暴龙狞笑着。

　　"啊嗷——啊嗷——"卡拉塔全神贯注地盯着矮暴龙，使劲吼叫着为自己壮气势。

　　矮暴龙看到卡拉塔如此专注，也来了劲儿："啊嗷——这才是年轻人该有的样子嘛，来呀！"

　　气氛瞬间变得异常凝重，两只恐龙死死盯着对方，卡拉塔向左走一步，矮暴龙就朝右挪一下，双方下巴都蓄着力，随时准备发动进攻。

　　　　　　　　　　五　慈母龙的援手

这时，一只小鸟扑剌剌从树梢飞过，刮到了树上的松果，一个个宝塔似的果子掉落在草地上，发出一阵唰啦声。

剑拔弩张的两条龙都抓住这个时机，趁机朝对方扑去。卡拉塔瞄准的仍然是矮暴龙的脖子，但狡猾的矮暴龙借势闪过，让他扑了个空。

卡拉塔谨记着艾尔爸爸教过的战斗技巧，用胸前短小的爪子瞬间找回了平衡，没给矮暴龙喘息的机会，又发起了新一轮进攻。他假装扑向矮暴龙的肚子，矮暴龙又是侧身一避，以为可以完全躲过袭击，但是却被不按常理出牌的卡拉塔一把抓伤了眼睛。

失去了一只眼睛的矮暴龙痛得嗷嗷直叫，他张开嘴，凶神恶煞地咬向卡拉塔的后腿。

"啊——"躲避不及的卡拉塔发出了锥心的吼叫。

矮暴龙阴邪地笑着，从卡拉塔的腿上拔出尖利的牙齿，鲜血顿时滋滋地往外冒。他将卡拉塔一把推翻在地，凑近脑袋，用令人不寒而栗的声音说道："小霸王龙，你现在就是个没用的东西，既然打不过我，就乖乖地受死吧！"

啪嗒，啪嗒，矮暴龙的口水滴落下来，卡拉塔嫌弃地扭过头，闭上了双眼。

"噔——噔——噔——"紧急关头，一阵沉重的脚步声忽然

响起。随后，一片巨大的阴影笼罩过来，一个声音随着沉重的步伐声骤然响起："放开那孩子！"

矮暴龙听到声音，抬眼瞟了一下，满不在乎地说："呵呵，我当是谁呢，原来是赫赫有名的慈母龙啊。怎么，霸王龙的小崽子你也想救？他长大了可是要吃你的孩子的！"

慈母龙一副痛心疾首的样子："以他现在的状况，恐怕没有长大的那一天了！"话里竟满是凄凉，似乎卡拉塔就是她的亲生孩子。

"你这大笨蛋！同情心也泛滥得太没道理了吧？快走，别打扰我！"见慈母龙步步紧逼，矮暴龙下意识地后退了几步，卡拉塔趁机拼命往树干后面爬。

慈母龙伸出尾巴护在卡拉塔面前："这还是个没长开的娃娃，你也忍心伤害他？"

"你这个傻子，怎么冥顽不化。既然你不听劝，那我就吃完了他再来吃你！"矮暴龙虚张声势地吓唬道。

"哼，有本事你就来试试看，我的大腿等着你，他的牙齿也等着你了！"慈母龙说着，抬起腿重重一踏，四周的草树顿时震得沙沙响。卡拉塔见状，也机灵地张开嘴，亮出利齿，摆出了凶狠状。

矮暴龙见势不妙，恨得牙根痒痒："你们给我等着！"说完，灰溜溜地转身跑进了丛林。

卡拉塔终于安全了，他充满感激地抬头向善良的慈母龙道

谢："龙阿姨，谢谢你，我叫卡拉塔，是一只小霸王……"说到这里，卡拉塔猛然想起自己是食肉恐龙，赶紧收住了嘴。

"没事的，卡拉塔。"慈母龙笑了。

"龙阿姨，你为什么要对我这么好？"卡拉塔心中充满了不解。

慈母龙低下头和蔼地说："因为你还是个孩子啊。"

"可是，矮暴龙说的没错，我是食肉恐龙，总有一天会……"卡拉塔怯生生地说。

"那你会吃龙阿姨，还有龙阿姨的宝宝吗？"慈母龙望着卡拉塔。

卡拉塔立起身子，特别真挚地发誓："不会！绝对不会！只要是长得像龙阿姨的，我都不会吃，而且我也会拦住雷吉、多菲还有嘀嘀嗒，不让他们吃！"

望着天真可爱的卡拉塔，慈母龙深感宽慰："真是个好孩子，我刚才一看见你，就觉得你善良，透着一股机灵劲儿。"

卡拉塔咧开嘴，开心地笑着："嘿嘿，龙阿姨喜欢我，我也喜欢龙阿姨。我以后要常常找龙阿姨玩，和龙阿姨的宝宝做朋友。嘶——"卡拉塔开心得忘乎所以，一不小心撕扯到了伤口。

慈母龙赶紧从草丛中衔起一株蕨类，嚼烂了敷在卡拉塔腿上，然后有些低落地说："孩子，好好养身子吧，至于交朋友，恐怕是没有这个机会了。"

"啊？为什么？"听慈母龙这么说，卡拉塔心里挺难受的，"我向你保证，我不会吃你的宝宝们，我会保护他们的，谁欺负他们，我就吃了谁！"

"我，我的宝宝们，都没了……"慈母龙的脸上满是悲伤。

"啊，这，这……"卡拉塔歉疚地低下头，"龙阿姨，对不起，让您想起伤心事了。"

"没事。"慈母龙扭过头。

"卡拉塔——卡拉塔——"远处传来熟悉而焦急的呼喊声。

慈母龙微笑着说："小朋友，看来是你的家人来找你了，那我就先走了。"

"龙阿姨……"卡拉塔不知该说什么才好，望着慈母龙渐渐消失在远处的树丛里，他的心中充满了不舍。

很快，卡拉塔的家人们就找了过来。

"卡拉塔，你在这儿呀！"多菲率先钻出草丛，发现了呆立在那里的卡拉塔。

听到多菲的喊声，霸王龙一家都聚集了过来。

"怎么搞成这副模样？"艾尔爸爸见卡拉塔失魂落魄的，似乎猜到了几分。

希塔妈妈却只顾着心疼："哎呀，卡拉塔，饿了吧，快跟我们回家吧！"

"嗯。"卡拉塔强忍着腿上的伤痛，迈开了步伐。

"哎呀，你的腿怎么受伤了？"细心的嘀嘀嗒发现了卡拉塔的腿伤，失声叫了起来。

"没事，刚才有一只矮暴龙袭击我，不小心被他咬了一口，幸好龙阿姨救了我。"卡拉塔轻描淡写地说道。

"龙阿姨？什么龙阿姨？我怎么没看见？"多菲四处张望。

卡拉塔回头望着龙阿姨离开的方向："是一只慈母龙，她听到你们来，就走了。"

雷吉大笑起来："慈母龙？哈哈哈哈，我没听错吧？慈母龙可是既没铠甲又没头角的食草恐龙。她会帮你？她怎么帮你的啊？"

"就是我之前已经划花了那只矮暴龙的眼睛了，然后龙阿姨猛地一跺脚，吓得矮暴龙直打战，就跑走了。"卡拉塔努力比画着。

"哎哟喂，食草恐龙帮食肉恐龙就已经是闻所未闻了，你还说你划花了矮暴龙的眼睛。你这话，叫我们怎么相信啊？"

"卡拉塔你一定是饿糊涂了，来，快和我们回去好好吃一顿再说吧。"希塔妈妈温柔地说。

卡拉塔知道怎么说大家也不会相信他，便懒得再解释。临走前，他又朝慈母龙离去的方向深深地望了一眼，心中暗暗说道："龙阿姨，我一定会报答您的！"

六　独家秘方

经过与矮暴龙一战，卡拉塔充分认识到了战斗技巧的重要性。所以，在之后的生存训练中，不管艾尔爸爸再怎么严苛，他都咬着牙坚持了下去，而且每一项都完成得特别认真。进食的时候，即便是再没有胃口，他也仍然大口大口地把食物咽下去，因为他知道，必须补充大量的营养，才能保证身体的强壮。

就这样，一天天过去，卡拉塔的体质变得越来越棒，甚至赶过了嘀嘀嗒和雷吉，成为四个孩子中最强壮的一个。

这天夜里，卡拉塔觉得肚子胀胀的，很不舒服，他翻来覆去地，怎么也睡不着。最近一段时间不知怎么了，他总感觉自己的肚子沉甸甸的，像有什么东西堵在了里面。

也许是自己吃得太多，消化不好吧？于是，卡拉塔借着月光偷偷跑到河边，想通过甩石头运动，把肚子里的东西消化掉。

白垩纪的夜空繁星满天，耀眼无比。看惯了灯火通明的城市夜晚，卡拉塔蓦地发现，在这没有任何电器的远古时代，夜色竟然如此之美。

"哇，真是好看啊！"卡拉塔陶醉在这美景里，一时间竟忘

记了腹中的胀痛。

"怎么发呆了？"身后忽然响起一声低沉的龙吟。

卡拉塔被这突如其来的声音吓了一跳，转身一看，原来是艾尔爸爸。

"我都跟了你一路了，怎么一点警觉性都没有呢？"

"哦，对不起。"卡拉塔低下了头，"今后我一定提高警惕！"

"这么晚了，你不睡觉，跑这儿来干什么？"艾尔十分关切地问道。

"我，我肚子胀，好像吃撑了似的，所以想来运动运动。"

"肚子胀？有多久了？"

"有好一段时间了，不过这几天特别明显。"

艾尔爸爸伸手摸了摸卡拉塔的肚子，走到河边，挑了几块被水冲得很光滑的石头递给卡拉塔："来，把它们吞下去。"

六 独家秘方

"啊？"卡拉塔一惊，莫非爸爸以为他在说谎，要通过这样的方式来惩罚他？"这个，这个，爸爸，我知道错了，下次我再也不半夜里偷溜出来了。"

"嗯？"艾尔爸爸愣了一下，旋即笑了，"哈哈，别怕，这个不是惩罚。你把这些石子吞下去，肚子就不会胀啦。"

艾尔爸爸居然笑了！卡拉塔简直不敢相信自己的眼睛，这好像是自他从恐龙蛋中出来后，第一次见到艾尔爸爸笑。

卡拉塔的担心瞬间被艾尔的笑声化为乌有，他歪着脑袋："爸爸，你今天的语气，好温柔啊！"

"有吗？"艾尔忽然有些不好意思，他转身朝河边走去，"你们是不是都觉得爸爸平时很凶，很不讲道理啊？"

"没有没有，我们知道的，您是为了我们好。"卡拉塔乖巧地说道。

"嗯，那就快把那些石头吞了吧。你平时吃东西太快了，这些石头能帮你把胃里没消化的肉磨碎。"

平时威武严肃的霸王龙爸爸，居然细心地注意到孩子们吃东西的习惯！卡拉塔呆呆地望着艾尔爸爸——原来父亲的爱是这样细腻而深沉的啊。

艾尔见卡拉塔愣在那里迟迟不吞石头，还以为他是害怕，就鼓励道："不敢咽下去啊？不用怕，刚开始会有点不习惯，时间长了，石头也会被磨小，排出身体外的。"

"好的！"卡拉塔把手中那几块光溜溜的小石头塞进嘴里，勇敢地吞了下去。

冰冷的石头顺着喉咙一点一点往下滑，虽然吞咽的过程有些艰难，但卡拉塔一点也不觉得难受。看似冷酷的艾尔爸爸如此体贴地照料着他，让他从心底里升起一股幸福的暖意。

吞下石子后，卡拉塔高兴地凑上去，蹭了蹭艾尔爸爸的鼻尖。第一次感受到孩子如此大胆亲热的艾尔，既惊讶又幸福，忍不住又呵呵地笑了几声。

"艾尔爸爸，其实你笑起来挺帅的，平时你太严肃啦！"卡拉塔挤挤眼睛。

艾尔爸爸故作生气道："是因为我太严肃了，所以你们才不听话的吗？"

"没有没有，我们哪有不听话呀。"卡拉塔赶紧解释，"只是哦，你老是说得那么少，我们还一头雾水呢，你就要我们去执行，所以不得要领嘛！"

"哦，"艾尔爸爸若有所思道，"那我以后尽量改改。"

卡拉塔跟在艾尔爸爸身旁，回到了他们的住地。见嘀嘀嗒窝在石头旁睡得正香，他特意放轻了脚步，生怕吵醒了嘀嘀嗒的美梦。可没想到，越小心越出错，他竟一脚踩在了嘀嘀嗒的尾巴上！

六 独家秘方

"哎哟！"嘀嘀嗒一下子被疼醒了过来。

"怎么了？"见嘀嘀嗒突然坐了起来，卡拉塔吃了一惊。

"你踩着我尾巴啦！"嘀嘀嗒迷迷瞪瞪地翻了翻白眼，不高兴地说道。

"哦，对不起对不起！"卡拉塔赶紧抬起脚，不住地道歉。

"嘘，好了好了，别吵到他们了。"嘀嘀嗒看了看躺在不远处的雷吉和多菲，示意卡拉塔轻一点，"你怎么了？心不在焉的。"

"没事，我在想一些事情，你先睡吧。"卡拉塔挨着嘀嘀嗒躺了下来。

"被你这么一折腾，我哪里还睡得着呀。"嘀嘀嗒抱怨。

好吧，既然都睡不着，那不如就跟博闻广见的嘀嘀嗒探讨一下吧，没准真能得到点启发呢。卡拉塔这么一想，便说出了心中的疑惑："你还记得之前我说过的，在树林里遇到矮暴龙的事情吗？"

"记得啊，你还说是慈母龙救了你呢。"

"对啊，千真万确。可是我真想不明白，为什么矮暴龙会怕一只食草恐龙呢？"

"就是啊，所以我们才不相信你的话嘛，你还跟我们生气。"

"嘀嘀嗒，今天我发现艾尔爸爸呀，其实并不像表面上那么冷冰冰的。"

"所以嘞？这跟你遇到矮暴龙和慈母龙有什么关系？"

"所以我在想，我们眼睛看到的现象，可能并不是真的。"卡拉塔顺着自己的思维逻辑说下去，"会不会那个矮暴龙怕的其实不是慈母龙，而是别的什么东西呢？"

"哦？这倒是有可能的。"嘀嘀嗒顿时来了精神，"你再仔细描述一下那天的情景，我来帮你分析分析。"

"那天我在树林中遇见了矮暴龙，他起先说并不想吃我，只是想杀掉我，所以我们就打起来了。后来我划伤了矮暴龙的眼睛，他突然就很生气，很暴躁，把我扑倒在了地上。在最危急的时候，慈母龙冲过来了，我赶紧躲到慈母龙的身后。然后慈母龙说了两句话，矮暴龙就跑了……"

"等等，你说慈母龙说了两句话？她说了什么？"

"就是说，我们两个一起，到时候她踹一脚，我咬一口，肯定让矮暴龙吃不了兜着走！"

"哦，那就对了。"嘀嘀嗒说完，长大了嘴巴，"你看！"

"嘀嘀嗒，你的嘴巴好臭啊。"卡拉塔故作嫌弃地捂住鼻子。

"别闹，你仔细看我的牙齿。"

"牙齿？没什么特别的呀。"

"嗨，我说你能不能观察得仔细点？"说完，嘀嘀嗒又张大了嘴巴，含混地说道，"看到我牙齿上细小的锯齿了吗？"

六　独家秘方

"嗯嗯，看到了。"卡拉塔点点头。

"我们霸王龙的牙齿啊，和科莫多巨蜥很相似，里面都藏有腐肉残留的细菌，被我们咬过的动物，很可能会被细菌感染，所以矮暴龙就害怕了。"

"哇，原来我们的牙齿这么厉害，那岂不是和生化武器一样了嘛！"

"这么说起来，还是你自己救了自己呢，所以也不要老挂念着那个慈母龙了。"嘀嘀嗒打了个哈欠，感觉又有了点睡意。

"不，要是没有龙阿姨的帮助，我肯定没救了，所以这份恩情我是不会忘记的。"

"你这个想法也没毛病。那睡觉吧，我也有些困了。"说完，嘀嘀嗒闭上了眼睛。

"好——"折腾了一晚上，卡拉塔着实也累了，一合上眼，也美滋滋地进入了梦乡。

第二天，天刚蒙蒙亮，四只小霸王龙又开始起床训练了。

"卡拉塔，你什么时候变得这么壮！"多菲跟在卡拉塔的身边，一边用羡慕的眼神望着他，一边发出了由衷的赞叹。

"你长得也不慢呀。"卡拉塔笑着回头，"你看刚出生的时候，我们都才只有希塔妈妈的小腿那么高，可现在我们都快长到了艾尔爸爸的胸膛那么高了！"

"是啊，霸王龙的生长速度本身就很惊人，据科学家研究，幼儿霸王龙在生长阶段，每天能重2千克左右。"嘀嘀嗒忍不住又在一旁炫耀起渊博来。

"你说什么？什么是科学家研究？"多菲迷茫地望着嘀嘀嗒。

卡拉塔见状，赶紧岔开话题："我的天哪，可是我怎么感觉我长得比你们都快，你看看我的脖子，都比多菲粗一圈了。"

"那是肯定的了，你看看你的食量，我和雷吉加起来，吃的都没你多，真不知道你是怎么消化掉的。"嘀嘀嗒也赶紧岔开了话题。

"就是啊，卡拉塔你吃得特别多，怎么消化得了呢？"多菲和雷吉也都一脸蒙。

"哈哈哈哈，因为我有独家秘方哦！"想起艾尔爸爸教他的吞石头助消化方法，卡拉塔得意地攥起了小爪爪。

七　免费的午餐

又是一个清晨，艾尔爸爸早早地就把四只还没有睡够的小霸王龙带往草原。

"呃，我还想睡呢。"雷吉奄拉着脑袋，眼皮沉甸甸地睁不开。

多菲也撒娇地抱怨着："就是啊，我也感觉脑袋里晕乎乎的，就不能稍微晚点儿嘛！"

孩子们絮絮叨叨个没完，艾尔爸爸却依旧是沉默不言，在前面快步走着。

卡拉塔和嘀嘀嗒也一个哈欠接着一个哈欠，两条腿就像在踩棉花一样。就这样，孩子们一路跟着艾尔爸爸来到了河边。

这条河是从树林里流出来的，清澈透凉，引得不少食草恐龙来这里饮水。河流的边上有一大片沼泽，远远看去似乎平淡无奇，暗地里却潜藏着巨大的危险，不知道曾经吞噬了多少恐龙的生命。

"你们都小心点，这片沼泽很危险！"艾尔爸爸嘱咐道，但这几个被瞌睡虫纠缠着的小家伙，哪里听得进去啊。

艾尔爸爸无奈地摇摇头，贴着沼泽的边缘，把孩子们隔离在

外面，小心翼翼地往前继续走着，一直走到了一个乱石堆上。

"大家打起精神来！这里一会儿会有一大群三角龙出现，你们各自找块大一点儿的石头在它背后隐蔽好。"艾尔爸爸说着，率先藏到了一块石头背后。

卡拉塔东张西望着。

"好好藏着，注意外面的动向，一会儿会有一顿大餐的！"艾尔爸爸压低声音说道。

不一会儿，天空渐渐变成了鱼肚白的颜色。

忽然，一阵轰隆隆的脚步把地面都震得抖了起来。与此同时，一片吵吵嚷嚷的声音从远处传来。

"首领威武！首领加油！"

"首领打败他！"

七　免费的午餐

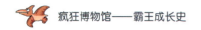

"他们在吵什么啊？"卡拉塔好奇地伸长了脖子。

"嘘——"嘀嘀嗒赶紧捂住卡拉塔的嘴，"你看那儿。"

卡拉塔顺着嘀嘀嗒指的方向看去，只见一大群体型硕大的鸟臀目恐龙正围聚在一起，每只成年恐龙的头顶两边和鼻尖都有一根骨角，头顶两边的骨角较长，骨角后扇形的颈盾紧贴着脖子，向后延伸。其中体型最大的两头恐龙正在怒气冲冲地对峙着，看样子有什么大事要发生了。

"嘀嘀嗒，那些就是三角龙吧？"卡拉塔一眼就认出了那些恐龙的特征。

"嗯，看样子那只三角龙是要挑战首领的位置了。"嘀嘀嗒用鼻尖点点对峙的两头三角龙中肤色较浅的一只。

卡拉塔定睛望向前方："哇，这两只三角龙的体型旗鼓相当，头角长短也差不多。虽然肤色深一点的那个头角上有些裂纹，但是显然很有经验，胜负难料哦。"

"人家打架，关我们什么事呢！"雷吉却一脸的不耐烦，"也不知道艾尔爸爸为什么一大清早的，非要叫我们来看这个热闹！"

"嘘——你们轻点儿，万一被他们发现了，指不定会被围攻呢。"多菲谨慎地缩在大石头后面提醒大家。

雷吉却懒洋洋地靠在石头上："怕什么呀！我们是霸王龙，还会怕这群食草的？"

"那可不一定哦，你看看他们头上的长角，要是被用力顶一下，刺破肚皮也不一定的哦。"多菲小声反驳道。

"不要说话，好好看着就是了！"艾尔爸爸一声令下，四个孩子立马都闭上了嘴。

五双眼睛静静地盯着前方的战场：只见那只浅色的三角龙用前蹄在地上使劲地刨着，飞扬的尘土使气氛显得异常紧张；深色的三角龙显然在战斗方面老练很多，他静静地观察着对手的动向，不厌其烦地调节头的朝向和角度，以便一击即中。

突然，浅色的三角龙率先发起了进攻，但很快就被深色的三角龙一个借力顺推了出去。

"漂亮！首领真棒！"龙群里发出了一阵欢呼。

"那个深色的应该是首领了，他应付这样的进攻，显然是游刃有余的。"嘀嘀嗒的目光一直被那只深色的三角龙牵引着。

浅色的三角龙并没有因此泄气，他晃了晃脑袋，稍作整顿，又蓄力冲了上去。这次首领并没有躲掉，挑战者的两只头角直直地杠上了他的头角。四只骨角在一起较劲，挑战者的眼中燃烧着熊熊的胜欲，骨角发出了咔咔的摩擦声。

卡拉塔浑身一激灵："咦呃，听得我鸡皮疙瘩都要起来了。"

"不好！"多菲蓦地发出一声惊叫。

此时，三角龙首领的头角上出现了一道裂缝，而他似乎也很快就意识到了这个问题，趁着挑战者的注意力都在头上，只见他右腿向前猛地一拱，脑袋顺势用力前推，挑战者的前肢瞬间使不上劲儿，被硬生生地甩了出去。

"首领威武！"

"干掉他！干掉他！"

这时，龙群里又发出一阵骚动。

听到呼声的雷吉翻过身子，也关心起了这场战斗："看来这个挑战者，不怎么受欢迎啊。"

虽然龙群里的呼声对挑战者不利，但这位年轻的挑战者并没有气馁，他很快调整好自己的状态，死死盯住了首领骨角上的那道裂缝。

"这个挑战者一定是发现有机可乘了。"嘀嘀嗒嘴角微微一笑。

多菲看着嘀嘀嗒，不满地说道："大哥，你转向啦？我还以为你是站在首领一边的呢！"

"首领这一边？我的好妹妹啊，你可搞搞清楚，我们是站在所有三角龙对立面的，你以为我们现在为什么要待在这里？"雷吉觉得妹妹实在太天真了。

"因为爸爸让我们在这里看啊，他说一会儿有大餐吃……"说到这里，多菲忽然醒悟过来，"啊，你的意思是……"

"看你这傻愣愣的表情，就知道你终于明白了。"雷吉笑着说道。

多菲刚想反唇相讥，三角龙的战场那边传来更大的呼声："首领加油啊，首领不要放松啊！"

挑战者和首领在经过几个回合的战斗之后，体力都有所下降。但相比之下，年轻的浅色三角龙体力显然要更好，他虽然有些喘气，站得却还算稳当；而首领明显就有些体力不支了，前腿总是不住地发抖。

挑战者仗着年轻气盛，朝天狂吼一声，再次冲向了首领。对峙的场面再度出现，挑战者步步紧逼，首领想故伎重演，却被吃一堑长一智的挑战者迎头顶住。没能给挑战者致命一击的首领，只能拼尽全力放手一搏。但挑战者已经发现了首领的破绽，他把头顶的骨角硬生生地杠在首领头角的裂缝处，用力朝外掰。

"咔——咔——"崩裂声越来越响，首领骨角上的裂缝也越来越大。

"看来我们很快就有美餐享用了。"雷吉贪婪地张开了嘴巴。

话音刚落，只听嘭的一声，三角龙首领的骨角被生生地拗断，惨白的断裂处触目惊心。观战的龙群中爆发出一阵阵惊呼。

挑战者乘胜追击，猛地低头用角朝首领的肚子刺去。一声惨烈的嘶吼从首领的肺腔中迸出，鲜血如红色的泉水喷涌而出，他那庞大的身躯随即轰隆倒地。

眼看胜负已定，刚才还不断地为首领呐喊加油的三角龙群，

七 免费的午餐

在愣怔了几秒钟后，就开始巴结起了那个勇猛的挑战者，也就是他们新的首领。

倒地的老首领微睁着双眼，大口地喘着粗气，再怎么努力都站不起来了。他的妻子和孩子眼中流出了悲伤的泪水。但是新首领却当着老首领的面，毫不留情地将他们带走了。

随着新首领的一声长啸，整个三角龙家族开始奔腾起来，向着远处的森林进发，把几分钟前还备受尊敬的老首领遗弃在了原地。

"那些三角龙就这样都走了？"卡拉塔愣愣地望着渐渐远去的三角龙群，有些震惊。

艾尔爸爸面无表情地站了起来："这是他们族群的规矩，斗败了就只能被驱逐，所有的三角龙都得听新首领的号令。"

多菲摇了摇头，感叹道："还真是冷血啊。"

"这样最好！他们不走，我们还得多费很多力气呢！"雷吉站起来抖抖身上的尘土，跟着艾尔爸爸朝倒地的老首领走去。

当他们走到老首领跟前时，这头垂死的三角龙呼吸已经变得十分短促，他的肚子一鼓一鼓的，鲜血还在不断地涌出来，模糊不清的低吟声从他的喉咙里不住地发出来，仿佛在哀求面前突然出现的霸王龙，帮他尽快结束痛苦。

艾尔爸爸低垂下眼睛，对准三角龙的喉管部位重重咬下去，结束了老首领的生命。

四个小霸王龙见状，立刻向着已经死去的三角龙扑上去。说来也怪，刚才还有的一丝怜悯之心，在食物面前竟瞬间化为了乌有。

多菲被争先恐后的哥哥们撞了一下，一不留神滑到了沼泽的边缘。她刚想站稳脚跟，继续扑向猎物，却发现双脚已陷在泥潭里难以自拔了。这下她可慌了神了："啊，我的脚！怎么回事？有什么东西在扯我的脚！"

"多菲别怕，哥哥在这儿呢。"距离多菲最近的雷吉最快反应过来，他本能地冲进泥潭，想帮多菲把脚拔出来，可是没想到，多菲没救起来，自己却又陷了进去。

"不好，是沼泽！"嘀嘀嗒见状，扑过去张口咬住了雷吉的尾巴。

卡拉塔也赶紧有样学样，一口咬住了多菲的尾巴。但胆小的多菲不像雷吉那样镇定，她惊慌失措地挣扎着，结果把站在沼泽之外的卡拉塔也拖得陷进去了一只脚。

"爸爸，救命啊！爸爸！爸爸！"四个束手无策的小家伙大声地朝着艾尔爸爸呼救。

走在前头的艾尔听到叫声，一回头，发现四个孩子竟都陷在了泥沼之中，赶忙跑了过去。

先救哪个好呢？照危险情况看，肯定是该先救腿都快被淹没了的雷吉。但是艾尔顿了一下，就近叼起卡拉塔的另一只脚，用力往外一拔。

卡拉塔得救了，而这一切都被雷吉看在了眼里。在他充满渴望的期盼中，艾尔爸爸又把失魂落魄的多菲救了上来，然后是嘀嘀嗒……

此时的雷吉，已经有一半的身子淹没在泥潭里。眼看着自己的兄妹一个接一个被爸爸救起，而自己却越陷越深，他的心也仿佛陷入了泥潭，越陷越深，越来越痛：看来，我在大家的心中是最不重要的！

卡拉塔、嘀嘀嗒和多菲来不及收拾身上的烂泥，就着急地想把雷吉拉上来，但这时雷吉已经陷得太深了，艾尔爸爸拽住雷吉猛一用力，非但没有把他从泥沼中拔出来，自己反而一个趔趄，险些滑进烂泥中去。

多菲和嘀嘀嗒想也没想，就扑过来抵在艾尔爸爸的双腿前；而卡拉塔则紧紧拽住了艾尔爸爸的尾巴。大家齐心协力，一点一点地终于把雷吉慢慢拉了上来。

当雷吉浑身是泥地被拉出泥潭的那一刻，大家都瘫倒在地。这时，天上出现了几只风神翼龙，开始在不断地盘旋，周边的树林里也有些骚动。

"快点去把食物吃掉，已经有东西在觊觎这只三角龙了！"艾尔爸爸率先起身。

　　早已饿得厉害的小霸王龙们听到父亲的吩咐，都毫不犹豫地扑向那只已经死去的三角龙，张开嘴巴就开始撕咬。似乎谁都没有发现，平时积极活泼的雷吉，这时动作却特别慢。

　　原来，刚才艾尔爸爸拉他的时候猛一用力，不小心拉断了雷吉的尾骨。但是目睹了刚才艾尔爸爸那么焦急地先救其他孩子的雷吉，心里已经窝着一股委屈，他觉得即便自己告诉大家尾骨受伤了，也没人会心疼他。于是他暗暗地咬着牙，忍着疼痛跟在大家的身后。

　　不一会儿，小霸王龙们的肚皮都撑得滚圆滚圆的了。

　　"好了，我们该回去了。"艾尔见孩子们吃得差不多了，叼起一大块肉，准备带回去给希塔。

　　"啊——吃饱了的感觉真的是好幸福啊，脑袋里空空的……"多菲满足地舔舔嘴唇。

　　望着多菲天真无邪的脸蛋，想起多菲遇险的时候全家为了她焦急万分的样子，雷吉的心中又蓦地掠过一阵酸涩。

七　免费的午餐

八 委屈的窃蛋龙

小霸王龙的生长速度真的是惊人，转眼，一只一般大的鸭嘴龙已经满足不了一家六口的需要，四只小龙得一起出去捕猎了。

艾尔将孩子们分成了两组：多菲和嘀嘀嗒跟着自己，卡拉塔和雷吉跟着希塔妈妈。

"为什么？这样的分组太随意了！"雷吉闹起了别扭。

"就是，我想跟着妈妈！"多菲听说要离开妈妈，也满心的不愿意。

"这么分组是有道理的。"艾尔爸爸不仅没有生气，竟还破天荒地解释起来，"从今天起，你们就要正式开始自己捕猎了。卡拉塔和雷吉擅长在草原上奔跑，多菲和嘀嘀嗒喜欢在树林中暗中观察，所以接下来我们要去的地方不同……"还没等艾尔爸爸说完，雷吉就大声地喊了起来，"可是多菲也喜欢草原啊，就让希塔妈妈带她去草原不行吗？"

还从来没有谁这样打断过艾尔爸爸说话的呢，卡拉塔和嘀嘀嗒一下子都愣住了，只有一心想要跟妈妈在一起的多菲妹妹，傻傻地拍起了手："雷吉的主意好，雷吉的主意好，让妈妈带我去草原好啦！"

希塔妈妈只当是雷吉护着妹妹，也没细想他突然生气的原因，便用征询的目光望向艾尔："那要不，就让雷吉和多菲跟我去草原吧？"

"好吧。"既然大家都有这样的愿望，艾尔爸爸也就不再强求了，"那大家注意安全，我们分头行动吧。"

艾尔爸爸说完，就带着嘀嘀嗒和卡拉塔向树林深处走去；而多菲和雷吉则开开心心地跟在希塔妈妈的身后，向着草原奔跑。

深秋的树林中一片金黄，风儿吹得树叶纷纷扬扬地飘洒下来。走在前面的艾尔爸爸回头道："平时我教你们的捕猎本事，今天都要用上了，好好表现，让我看看你们学到了几分。"

"艾尔爸爸，您的意思是要让我们自己去找猎物吗？"

"没错。"艾尔用鼓励的眼神看了看两个孩子，"不过你们不用怕，我会在暗中保护你们的。"说完，一眨眼便隐匿在了林子中。

卡拉塔和嘀嘀嗒面面相觑，一时不知该怎么办才好。虽然跟随艾尔爸爸学习了不少捕猎本领，但独自捕猎还是头一回，两个小家伙难免有点紧张。

啾——林梢上忽然传来一阵不知是什么动物的叫声，卡拉塔吓得赶紧躲到了嘀嘀嗒身后："嘀嘀嗒，我有点害怕……"

嘀嘀嗒倒显得挺镇定："别怕，我们是霸王龙，而且不是初

八 委屈的窃蛋龙

来乍到的幼龙了，应该是别的动物看到我们害怕才对！"

"也是。"听嘀嘀嗒这么一说，卡拉塔又壮起了胆子，"那我们再往前面走走吧，看看能不能遇到什么猎物。"

话音刚落，一个灵巧的身影蓦地从他俩眼前快速闪过。

卡拉塔和嘀嘀嗒默契地对视了一眼，立即双双跃起，朝着那个影子追了上去。

原来是一只形似鸵鸟的小龙，只见她长着一撮长长的羽尾，灵巧地穿梭在树林间，速度非常快。艾尔爸爸平时的严格训练，这时候终于派上了用场。虽然两只霸王龙的体型有些笨重，但奔跑速度竟毫不逊色于敏捷的小龙。不过为了不打草惊蛇，卡拉塔和嘀嘀嗒只是远远地跟在后面，并没有贸然出击。

鸵鸟形的小龙跑啊跑啊，最后在一棵大树前停了下来。透过灌木丛的缝隙，卡拉塔依稀看到小龙在用尖利的爪子小心翼翼地刨着面前的落叶。

"嘀嘀嗒，这是什么龙啊？她好像在找什么东西。"

嘀嘀嗒眯起眼睛张望了一番："看不太清唉，不过看背影，应该是蜥臀目兽脚亚目的龙吧。"

"蜥臀目？我记得在书上看到过，恐龙可以分成蜥臀目和鸟臀目是吗？那这个兽脚亚目又是怎么回事？"对于生物分类，卡拉塔最感兴趣了。

嘀嘀嗒一边挪位置换视角，一边给卡拉塔解释："嗯，蜥臀目又分为兽脚亚目和蜥脚亚目。像马门溪龙那样的素食或者杂食的恐龙，一般都是蜥脚亚目的；而角鼻龙、窃蛋龙这种肉食的恐龙，则是兽脚亚目的……"

"哦，明白了，这种兽脚亚目的恐龙就像我们一样，是要吃肉的。"

"一般来说是这样的。"嘀嘀嗒点点头，继续观察着那只小龙，"这只应该就是窃蛋龙。"

"窃蛋龙？这还算是肉食的？哼！连还没出生的龙宝宝都不放过，她就是个卑鄙的小偷！"卡拉塔激动地站起来。

嘀嘀嗒赶紧拉住他："别冲动，我们先看看她到底在干什么。"

这时，那窃蛋龙已经在地上刨开了一个一米左右的土窝，土窝上覆盖着许多腐烂的树叶。只见她停下了爪子，用嘴轻轻地拂走土窝边的小石子和枯枝烂叶，然后蹲下身子趴在土窝边上，眼神直勾勾地盯着腐叶间白花花的蛋。

"那个土窝是谁的呀？里面怎么都是烂叶子呀，好脏啊！"卡拉塔皱起了眉头。

87

八 委屈的窃蛋龙

　　"那些腐烂植物才不脏呢，那是龙妈妈故意放进去的，就是为了用烂叶子所释放的热量来孵化恐龙蛋的。"嘀嘀嗒轻声地解释道。

真没想到，白垩纪的恐龙还挺聪明的，居然知道利用腐叶放热来孵化小龙了。不过，卡拉塔还是有些不明白："那这些龙蛋的妈妈呢？她为什么不自己孵化？而要把孩子丢在这里用腐叶来孵化。这下可好，被窃蛋龙盯上了吧？"

"咳！"嘀嘀嗒摇摇头，无奈道，"你别只顾着叨叨了，就不能认认真真看一会儿嘛！"

见嘀嘀嗒有点嫌弃自己，卡拉塔赶紧闭上了嘴。可是不一会儿，他看到那窃蛋龙突然向土窝里的龙蛋伸长了脖子，不禁焦急起来："啊呀不好，窃蛋龙要吃那些蛋蛋了！嘀嘀嗒我们快过去帮忙吧，可不能让这些可怜的蛋蛋像慈母龙阿姨的宝宝那样，连这个世界都没见过一眼就被吃掉了！"

嘀嘀嗒扑哧笑了："二愣子，你就别在这里瞎操心了！"

"什么？瞎操心？！"卡拉塔被说得一头雾水。

"你再好好看看那只窃蛋龙的眼神，像是一个要偷吃龙蛋的饿鬼吗？"

"你看她那副望眼欲穿的样子，可不就是要把龙蛋生吞了嘛！"卡拉塔嘴硬道。

嘀嘀嗒实在忍不住了，用爪子点点卡拉塔的脑门子："看清楚啦，那些可都是窃蛋龙的蛋，你面前的这只恐龙不是饿鬼，是期盼着自己的宝宝快快出生的龙妈妈！"

"啊！"这可实在太意外了！卡拉塔对着那只窃蛋龙重新审

视了一番，"真的哎，你别说，她的眼神跟希塔妈妈看我们的时候还挺像的呢。"

这时，那窃蛋龙扑腾起来，两条后肢紧紧地蜷向身子的后部，两条前肢则向前伸展，面带微笑地坐在这一窝蛋上，将每一颗蛋都包在了自己温暖的肚皮下面。

嘀嘀嗒见卡拉塔一直愣着神，不禁打趣道："冤枉人家了吧？"

"可是她明明能自己孵化，为什么偏要弄这么多腐叶来加热？而且还要用土埋起来，又刨开来，这不是瞎折腾吗？"

"窃蛋龙应该是群居动物，像这种孵化时期，通常是有好多同类聚在一起的。但是看这只窃蛋龙，既没有配偶或同类的照顾，又用泥土来掩藏自己的蛋，我分析，她应该是在独自抚养这些孩子……"

"啊？那岂不是太可怜了？还好刚才我没冲动过去咬她。"卡拉塔有些后怕。

"你呀，观察能力太差了，连凶残的杀手和慈爱的母亲都分不清！"

"谁叫她取了窃蛋龙这样一个误导人的名字啊。对了，她是不是真的会去偷别人家的宝宝啊？"

"别再冤枉她啦，这窃蛋龙啊，还真的是不偷蛋的呢！"

"可是，窃蛋龙不窃蛋，那为什么要叫这个名字啊？多难听啊。"

"窃蛋龙其实是以植物和软体动物为食的，可当时科学家挖掘到窃蛋龙化石的时候，她正伏在一窝蛋化石上，而这窝蛋化石的周围呢，又有许多原角龙，所以科学家就猜测，这只龙可能是在偷窃原角龙蛋的时候，被原角龙发现并踩死在窝边的。"

"那她确实有嫌疑的呀！"

"你别急，听我慢慢说。大概过了70年后，美国纽约自然博物馆的古生物专家马克教授发现了一个恐龙胚胎化石，这个化石和当初发现窃蛋龙身边的一窝蛋是一样的，说明那只窃蛋龙不是在偷别人的蛋，而是在照看自己的孩子。这才还了窃蛋龙一个清白。"

"哦，那还真是冤枉窃蛋龙了呢，那为什么不干脆给窃蛋龙换个名字呢？"

"因为生物的有效学名，都是优先选取国际动物、植物命名法所规定的最早正式刊出的名称，为了防止与之后出现的生物混淆，窃蛋龙这个名字就只能一直沿用了。"

"那窃蛋龙真是太委屈了！"

"好了好了，不说了。"嘀嘀嗒提醒道，"看你这样子，要对这只窃蛋龙下手，是根本不可能的了。那我们还是快去寻找其他目标吧！"

九　龙形剪刀手

　　离开窃蛋龙后，卡拉塔和嘀嘀嗒继续往原始森林的深处走去。

　　这是一片巨大的森林，盘根错节的古树根在地上纵横交错，形成了一张巨大的网，这片树林可真是古老哇。卡拉塔一家在这片森林里活动了也有好一阵子了，却从来没有见过这个林子的尽头。而且越往里走，树林越是茂密，气氛也越发诡异。

　　"艾尔爸爸呢？他藏在哪里呀？如果他知道我们放过了窃蛋龙，一定要生气了。"卡拉塔有些担忧。

　　"别担心！那只窃蛋龙这么小，也不够我们吃啊。"嘀嘀嗒不以为然地说道，"我们抓个大点的猎物去，艾尔爸爸看到准会高兴的。"

　　"嗯嗯。"卡拉塔使劲地点点头，"对了嘀嘀嗒，刚才你说恐龙分为蜥臀目和鸟臀目对吧？"

　　"是啊，怎么了？"

　　"蜥臀目的恐龙我已经知道了，那鸟臀目的呢？到底跟蜥臀目的有啥不同，你能不能再说详细点儿？"

"好啊，既然你愿意听，那我就好好给你讲讲，"见卡拉塔如此虚心好学，嘀嘀嗒又满心欢喜地开启了科普模式，"蜥臀目恐龙的腰带，从侧面看是三射型的，耻骨在肠骨下方向前延伸，坐骨则向后延伸；而鸟臀目的腰带，肠骨前后都大大扩张，耻骨前侧有一个大的前耻骨突，伸在肠骨的下方，后侧更是大大延伸与坐骨平行伸向肠骨前下方，而且牙齿只长在颊部……"

"慢着慢着！你说得也太专业了吧，听得我满脑袋糨糊，能不能讲得通俗易懂一点？"

"不是你要我讲得详细一点的嘛！"嘀嘀嗒歪着嘴笑了起来，"你可以这么理解：蜥臀目的下半身呢是尖尖窄窄的，与蜥蜴很像；可鸟臀目呢，他们的屁股大大的，走起路来就像个大喇叭……"

"哈哈哈，大喇叭！"卡拉塔被嘀嘀嗒的解释逗笑了，"你还真有想象力，把恐龙的屁股比喻成大喇叭！哈哈哈哈……"

唰啦唰啦——唰啦唰啦——前方突然传来一阵不小的动静。

"嘀嘀嗒，你听到了吗？好像有情况！"卡拉塔警觉起来。

嘀嘀嗒显然也听到了动静，他有些兴奋道："嗯，听见了，看来是个食草的大家伙呢，我们悄悄地靠过去。"

唰啦——唰啦——越凑近，啃食树叶的声音越发响亮。

卡拉塔和嘀嘀嗒一点一点地慢慢凑上前去。靠近了，却只能看到两条粗壮的大腿和长长的尾巴，而那恐龙的上半身则完全没入了厚厚的树叶之中，根本看不见真身。

"这是什么龙呀？这么大！"卡拉塔惊讶得张大了嘴巴。

"忘了我刚才跟你说的了？你看他的腰带，三射型的，肯定是蜥臀目的了。"嘀嘀嗒十分内行地分析道，"看他的体型，应该是一条暴龙……"

"暴龙不都是吃肉的吗？"卡拉塔将信将疑，"可这条恐龙，怎么在吃树叶呢？"

"没错，有一种叫镰刀龙的暴龙，就是吃树叶的。"

"吃素的暴龙？！"卡拉塔心中的紧张感顿时松懈下来，吃素的暴龙嘛，想想都应该没什么太大的攻击性吧？

突然，前方的唰啦声戛然而止，一个雄浑的声音在卡拉塔的头顶响起："我好像听到有谁在背后议论我啊？"

说着，一只镰刀龙的脑袋从叶层中探了出来，高傲地俯视着卡拉塔和嘀嘀嗒。

"喔呦，他听见了我们说的话呢！"卡拉塔朝嘀嘀嗒吐了吐舌头，努力昂起头，终于在十几米高的树顶看到了镰刀龙的脑袋。

只见那镰刀龙有着长颈鹿般细长的脖子，虽然没有尖牙的嘴巴看起来并不怎么可怕，但是爪子上露出的寒光还是叫人不寒而栗。

镰刀龙两米多长的前臂，有一半的长度都是尖利的爪指。他用三根弯曲的指爪揽住树干，就能稳稳地站在地上，显得身姿更加挺拔了。

"嘀嘀嗒，他，他怎么长得跟爱德华一样？"卡拉塔简直不敢相信自己的眼睛。

"什么爱德华？"嘀嘀嗒一脸懵。

"咳，你不知道的啦！"卡拉塔挥着爪子比画道，"就是有个电影里的剪刀手爱德华，也长着这么长的指爪……"

"你说得轻一点，镰刀龙好斗，你可别冒冒失失地惹他生气。"嘀嘀嗒见卡拉塔手舞足蹈的，赶紧小声提醒。

"你们两个小鬼，在那里盯着我说什么呢？"镰刀龙见卡拉塔和嘀嘀嗒嘀嘀咕咕的，伸出长爪问道。

"没说什么，就是我们第一次见到您，被您的雄健伟岸给震慑到了。"卡拉塔还没反应过来呢，嘀嘀嗒就先拍上了马屁。

镰刀龙一边用指爪揽过远处的树叶，一边眯着眼睛居高临下地说："是吗？可我怎么好像听到有人在说我好斗呢？"

说完，镰刀龙大爪一挥，呼咻的风声从卡拉塔耳边刮过，明晃晃的指甲唰地一下劈在了他身旁的一株树上，树干上顿时被划出了三道惨白的深痕。卡拉塔吓得腿都有些软了，他赶紧解释道："镰刀龙大爷，您一定是听错了，好斗这种词语，我们怎么会拿来形容气质出挑的您呢！"

见两个小家伙挺识趣，镰刀龙就不打算再为难他们了："那你们到我的地盘来做什么呀？"

卡拉塔和嘀嘀嗒十分有默契地看了看对方，齐声道："我们是碰巧路过的，看到这么高大英俊的龙，就忍不住多看了几眼，嘻嘻……"

"哦，是吗？"一旁的树丛中，突然钻出几只瘦瘦小小的恐龙，眼睛贼溜溜地插嘴道。

"难道不是来捕猎的吗？"

"我明明听见你们说，要抓只大的呢！"

这几只头颅小巧、爪子纤细、脖子灵活的小龙一唱一和着，

九 龙形剪刀手

一副唯恐天下不乱的样子。

　　"不会吧，我看他俩不像啊。"镰刀龙半信半疑地看着卡拉塔和嘀嘀嗒。

卡拉塔见这几只贼眉鼠眼的小龙不像是善茬儿，紧张地往嘀嘀嗒身边靠了靠："这几只是什么龙啊，怎么突然冲出来挑事？"

"这些是伶盗龙，又叫迅猛龙。"嘀嘀嗒小声地说，"他们常常团伙作案，或者以腐尸为食……"

"怎么办？我看他们是想挑拨离间，怂恿镰刀龙来干掉我们呢！"

果然，其中一只迅猛龙走到镰刀龙跟前，谄媚地说："镰刀龙大哥，你可不知道啊，这两个小子坏得很，表面上谦卑，背地里却在偷偷算计您呢！"

另一只小龙也上来帮腔："是啊，你看他们老是窃窃私语的，不知道又在使什么坏心眼！"

卡拉塔一听，肺都快气炸了，他刚想上前分辨，却见嘀嘀嗒抢先一步，神色自若地朝一只迅猛龙走去："哦，既然你们这么了解我们，那你说说看，我们图谋的是什么呀？"

"哼哼，那还用说？肯定是想对我们尊敬的镰刀龙大哥图谋不轨！"那迅猛龙阴阳怪气地说。

"镰刀龙大哥，我可听说，这对小霸王龙的父母让他们出来狩猎呢！"另一条迅猛龙也赶紧附和。

镰刀龙却一脸的无所谓："狩猎不是很正常吗？这两条小霸王龙，总有一天得学会自己捕食啊。"

九 龙形剪刀手

"可是，这两个小家伙之前盯着一只窃蛋龙，好半天了都没上前一步，到了您这儿，却上前搭话来了……"

"这能说明什么呢？"镰刀龙不解地问。

为首的迅猛龙见镰刀龙居然不生气，更加煽风点火道："我听说他们的父母把他们分成了两队比赛，另外两只小龙已经在草原上追逐腕龙了，所以他俩想要取胜，就必须……"

"必须把我这只更大的恐龙抓回去，才能赢得比赛？"镰刀龙仿佛渐渐入了套。

小迅猛龙见有机可乘，趋前一步道："镰刀龙大哥英明啊！这两个家伙也忒胆大了，居然敢打您的主意！"

镰刀龙似乎有些犯难："那你们说，应该怎么办呢？"

"大哥啊，要是我可忍不了！肯定要好好教训他们，看他们还敢不敢再来冒犯！"

"就是，就是，最好把他们都杀了，以儆效尤！"一旁的迅猛龙起哄道。

嘀嘀嗒故作愁眉苦脸："既然你们这么有诚意，为什么不帮帮镰刀龙大哥，而是要他自己亲自动手呢？"

"嘀嘀嗒！"卡拉塔却慌了神，"你怎么还怂恿他们攻击我们呀？"

嘀嘀嗒胸有成竹地笑了笑："你别怕，好戏还在后头呢。"

"那是因为……，因为……"迅猛龙被问得有些结巴起来，"我们觉得镰刀龙大哥要亲手惩罚你们，才能解气！"

"哈哈，那只是你们的想法吧？镰刀龙大哥这么威武，什么时候轮到你们来替他做主了啊？！"嘀嘀嗒不紧不慢地抢白道。

"你，你，你胡说八道！"迅猛龙顿时气急败坏。

"胡说八道的是你们吧！"卡拉塔继续反击，"你们这么清楚我们的行踪，连我们的兄妹在草原上都知道，那么你们一定也清楚，我们的爸爸就在附近，所以你们才不敢自己动手，想挑起我们跟镰刀龙大哥的矛盾，好借刀杀人，坐享其成吧！"

卡拉塔一听，顿时来了精神，也学着迅猛龙在旁边煽风点火："镰刀龙大哥啊，他们这是赤裸裸地拿您当刀子使啊！"

"好你们这些个小东西，居然想利用我！"镰刀龙瞬间明白过来，气鼓鼓地转向迅猛龙。

几条迅猛龙一看计划败露，纷纷夹着尾巴躲进树丛逃命去了。但是卡拉塔岂肯轻易放过他们，他纵身一跃，扑倒了跑在最后面的一只迅猛龙。

镰刀龙见这只正是刚才挑拨得最起劲的迅猛龙，不禁生气地挥起前臂，狠狠地一爪子下去。

刺啦——，三道深深的血口子在这只迅猛龙身上裂开，其中

一道划在了他的脖子上，这只迅猛龙当场就咽气了。

"好了，我要走了，这个阴险的东西就交给你们处置吧。"镰刀龙嫌弃地用树叶擦掉了指爪上的鲜血。

"谢谢镰刀龙大哥！"卡拉塔和嘀嘀嗒高声感谢。

十　腕龙到底有几颗心

镰刀龙离开后，早已饥肠辘辘的卡拉塔和嘀嘀嗒迅速扑向已经咽气的迅猛龙，一口接着一口，美美地饱餐了一顿。

不一会儿，他们就吃得饱饱的了。卡拉塔望着地上剩下的迅猛龙残肉，摸摸滚圆的肚皮说："嘀嘀嗒，你说，我们要不要给多菲和雷吉带一点呢？"

嘀嘀嗒也吃得很饱了，他满足地打了一个响嗝："不用了吧，以雷吉的能力和多菲的小聪明，肯定能抓到猎物的。我们还是快些回去吧，镰刀龙走了，说不定那些迅猛龙又会回来找我们呢！"

"怕啥，艾尔爸爸说过会保护我们的！"吃饱了肚子的卡拉塔，胆子好像也变大了。

"对哦，艾尔爸爸应该就在附近。"嘀嘀嗒四下张望起来，"这里还有不少肉呢，他怎么还不来？"

正说着，艾尔从一棵大树的背后走了出来。

"孩子们，你们表现得很机灵，面对危险不仅没有冲动，反而沉着应对，并且把敌人的阴谋成功化解了……"

"艾尔爸爸!"听到父亲的声音,两只小霸王龙都开心地蹦了起来,"这里还有一大块肉呢,艾尔爸爸你快来吃!"

"哈哈,太棒了,我也能享受到儿子们抓捕的猎物了。"艾尔舒心地大笑着,走到那堆剩下的迅猛龙肉跟前,张开大口吃了起来。

当天边的晚霞渐渐升起的时候,父子三个一路欢笑地回到了土窝边。

大老远的,就听见了雷吉和多菲的吵闹声:

"我觉得是两个,就是两个!"

"明明就只有一个!"

……

"你们在争什么呢?"好事的卡拉塔赶紧跑过去凑热闹。

多菲见卡拉塔两手空空的,指着窝边说:"你们回来啦?看样子没抓到东西吧?喏,那里有块肉,留给你们的。"

"哟,你们居然真的抓到猎物了呀!"卡拉塔的语气未免有些夸张。

雷吉白了他一眼,没好气地说:"真是浪费我们的一片好心了,多菲我早就跟你说过,不用给他们带肉的!"

多菲也挺生气的:"哼,还小瞧我们!刚刚雷吉一个神龙摆尾,轻轻松松就把一条副栉龙给制伏了!"

卡拉塔得意地拍拍肚子："制伏一只食草恐龙算什么厉害的？我的肚子里可是装了半条迅猛龙哩！"

"迅猛龙？就是妈妈说的跑得很快的那种？我不相信，你在吹牛！"多菲翻着白眼。

见多菲根本不信的样子，卡拉塔有点急了："你瞧我这圆滚滚的肚子，我们可是饱餐了一顿呢，不信你问嘀嘀嗒，还有艾尔爸爸。"

"既然大家都吃饱了，那就好啦。"嘀嘀嗒见状，赶忙打起了圆场，"对了，刚才你们在争什么呀？什么一个两个的？"

多菲果然被转移了注意力，她得意地说："刚才啊，我们在草原上遇到了腕龙！"

"就是那种脖子老长老长，个子比艾尔爸爸还要高出许多的食草恐龙？"卡拉塔记得希塔妈妈曾经向他们说过这种恐龙。

"是啊，之前听妈妈说的时候，我还以为她在夸张呢。没想到今天真的看到了，果然是大得吓人啊，我和雷吉都能钻到他的肚子下面去了。"多菲眉飞色舞地描述起来。

雷吉也忍不住兴奋地插嘴道："对啊，对啊，那些吃植物的各种恐龙啊，原来都是住在一起的呢，什么三角龙啊，厚鼻龙啊，腕龙啊，副栉龙啊，好大一堆呢，我们要不是躲在腕龙的肚子下面，怕是早就被他们踩得稀巴烂了。"

十　腕龙到底有几颗心

卡拉塔有点难以置信："啊，你们就这样贸然冲进那些大型的龙群里去抓猎物了吗？那危险系数也太高了吧！"

雷吉冷哼了一下："这还不是跟老爸学的！"

"艾尔爸爸居然还偷偷教过你这个本领？我怎么不知道，你快讲讲，到底是怎么样的？"卡拉塔满脸好奇。

"哎呀，卡拉塔，你别打岔嘛，我还没说完呢！"多菲不满地嘟着嘴，"你们快来给我评评理嘛！"

"对了，你们刚才在争什么呀？"嘀嘀嗒又问了一句。

多菲举起两个爪子，朝着空气比画着："腕龙的个子那么高，都有好几只龙这么大了，肯定不止一个心脏！"

"啊？你这是什么逻辑呀？两个心脏，这怎么可能！"卡拉塔觉得这个念头太疯狂了。

"就是嘛，一个动物当然只能有一颗心脏啦，你们说是吧。"雷吉坚持着自己的看法。

卡拉塔自信地说："嗯啊，嘀嘀嗒的想法和我们肯定是一样的吧。"

"那可不见得哦，我比较认同多菲的观点。"嘀嘀嗒说着，走到了多菲身旁。

雷吉见大哥嘀嘀嗒竟然赞同妹妹的荒谬想法，忍不住问："那你凭什么这么说呢？"

嘀嘀嗒不慌不忙地拾起一个掉落在地上的熟透浆果，举到大家面前："我们都知道，心脏会跳动是不是？但没了血液心脏就会死掉对不对？"

说完，嘀嘀嗒又把浆果放回地上，并且在周围画了一个大大的方形，然后抬脚用力朝浆果踩了下去。

扑哧一下，橘粉色的果肉和果汁向四周飞溅，空气中一下子弥漫着一股甜甜的果香。

"什么嘛！这个和腕龙有什么关系啊？"雷吉看得云里雾里。

嘀嘀嗒指着被踩碎的浆果："动物的心脏就和这个浆果一样，心脏挤压跳动，才能把血液推送到身体的各个部分。但是，你们仔细看地上……"

大家看了看果浆溅射的范围，虽然有些溅得近，有些飞得远，但始终都没有将方形填满。

"没有被果浆溅射到的地方，就像身体中没有被血液滋养的部位，是会坏死的，所以……"嘀嘀嗒继续提示着。

卡拉塔恍然大悟，他拾起另外的几个浆果，放在方形没有被果浆溅到的地方，一一踩碎后说："所以要想血液能够流遍全身，要么腕龙有一个巨大的心脏，要么，就是有好几颗心脏，像这几个浆果填充方块一样，分布在身体不同的地方。"

"没错！"嘀嘀嗒点点头。

　　"啊，不会是真的吧？"雷吉吃惊地喊起来，"那照你这么说，腕龙的身体那么高，岂不是脖子上也要长颗心脏啦？"

　　嘀嘀嗒歪着脑袋挤眉弄眼道："哈哈，说不定是真的哟！"

　　"这，这太不可思议了！"雷吉还是难以置信。

　　见自己的观点占了上风，多菲也特别开心："不可思议？那下次你抓条腕龙，咬开来看看不就知道了！"

十一　迟来的叛逆期

　　望着叽叽喳喳闹得正欢的四个孩子，艾尔爸爸和希塔妈妈的脸上露出了欣慰的笑容。

　　"孩子们，今天你们第一次靠自己捕到了猎物……"

　　"是啊是啊，我们都饱餐了一顿呢！"雷吉骄傲地昂着头，等着爸爸妈妈的夸奖。

　　但是艾尔爸爸不仅没有表扬，反而沉下了脸："可是，你们也不用太骄傲，因为你们的表现并不够好！"

　　孩子们一听，都停止了打闹，脸上的笑容也瞬间凝固了。

　　"雷吉、多菲，你俩跟在群龙后面，捡了一只病得连路都走不动的副栉龙下手，这算什么英雄好汉？而且后面还被腕龙吓得到处乱跑！"

　　"嘻嘻——"卡拉塔捂嘴偷笑，"就这样啊，刚刚还吹牛说自己有多勇猛……"

　　雷吉顿时羞得满脸通红，低下了头。

　　艾尔爸爸沉着脸又转向了卡拉塔："你笑什么呢？你也不过是靠着嘴皮子上那点儿小聪明，根本不是靠自己的力量捕获猎

物的不是吗？"

没想到艾尔爸爸对自己的表现也这么不满意，卡拉塔一下子噎住了。

"嘿嘿，原来你也没好到哪里去。"雷吉偷笑起来。

"可是不管怎么说，我们也算是完成任务了是不是呀？"只有多菲还傻乎乎地扬着笑脸，对希塔妈妈奶声奶气地撒娇道。

"还笑！"希塔妈妈也有些不高兴了，"你们的爸爸说得没错，这次是你们幸运。但是以后你们难道都想靠着这点儿小聪明活下去吗？！"

小霸王龙们见希塔妈妈都生气了，这才意识到自己真的是犯了大错，纷纷低下了头。

这时，嘀嘀嗒站了出来："爸爸妈妈，你们别生气了，我们会努力的，一定可以靠自己的捕猎技巧生存！"

"不是爸爸妈妈故意要刁难你们，你们必须记住，我们是霸王龙，不是光靠蛮力或者幸运延续至今的种族，我们有自己骄傲的生活方式。要是你们一直这样不思进取，总有一天，会丧失生活能力的！"

雷吉却撇撇嘴道："那上次艾尔爸爸不也带我们去捡漏啦？去吃斗得断了角的三角龙，那不也是要小聪明吗？"

"你！"希塔妈妈被雷吉抢白得不知该说什么才好，"这能是一个性质的吗？艾尔爸爸还不是为了要让你们先吃饱肚子！"

"有啥不一样的？我看就是一回事！"雷吉突然杠上了。

卡拉塔赶忙拉拉雷吉："你怎么回事，妈妈也是为我们好，怎么能这么没礼貌啊。"

"你别拉我！"雷吉好像瞬间爆发了，"你们懂事！你们说什么都是对的，就我没礼貌，说什么都不对！"

"雷吉你这是怎么啦？"多菲一脸的不解，"我们也没说你都不对呀？"

"哼，难道我说的不是事实吗？爸爸妈妈就是不喜欢我，怎么看我都不顺眼！"

卡拉塔不知该说什么才好，他悄声问嘀嘀嗒："都说青少年有叛逆期，嘀嘀嗒，你看雷吉这样子，算不算进入了霸王龙的叛逆期啊？"

"叛逆期？亏你想得出来！我看雷吉是有什么心事吧。"

多菲走到雷吉的身边，柔声地劝道："雷吉，你快向爸爸妈妈道个歉吧。"善良的多菲，最不想看到家里人吵架了。

可是雷吉却一把推开了多菲："走开！我不道歉，我又没有犯错！"

希塔妈妈揽过委屈的多菲，生气地数落道："雷吉，你太不像话了！你看看，多菲都这么懂事了，你就不能学学她？"

"学她？一个傻白甜，成天靠你们宠着，有好吃的她是头一份，受伤了就全家都心惊胆战地守着！"气急败坏的雷吉口无遮拦地说道，"可我呢？我尾骨受伤了这么久，你们知道吗？你们以为我想捡一个老到走不动路的副栉龙啊？还不是因为多菲，她什么都不会，要不是我护着她，她早被成群的甲龙踩扁了！"

多菲见雷吉暴怒的样子，泪珠顿时决堤般涌了出来："雷吉，对不起，是我拖累了你……"

"雷吉！快别说了，你看你把多菲都吓哭了！"卡拉塔忍不住喊了起来。

"哭哭哭，就知道哭！那你们就一直宠着她好了，我可受够了！"雷吉怒气冲冲地说着，转身朝着草原走去，"你们相亲相爱好了，反正我是多余的……"

"你去哪儿？雷吉，回来！"希塔妈妈焦急起来。

"不用你们管！"雷吉心里凉凉的，向着草原深处又跑了几步。他打心底里觉得，这个家已经不欢迎自己了。

卡拉塔赶紧跟了上去："雷吉你快回来，这么晚了，你独自一个跑进草原里去很危险的！"

"谁说他是独自一个啊？"草丛里忽然传出一个尖细的声音。

"就是啊，小伙子，他有他们疼的，你就跟着我们吧！"两个熟悉的身影在草丛里闪现出来，原来是两只阴阳怪气的迅猛龙，"我们呀，最欢迎喜欢独立的伙伴啦。"

卡拉塔顿时来了气："你们这些阴险的家伙，怎么又找到这里来了？雷吉别听他们的，他们没一个是好东西！"

雷吉犹豫起来，他缓缓上前几步，又忍不住侧身回望。生气归生气，要离开熟悉的家，毕竟还是有些不舍的。

"哟，小伙子，你还想当一个乖乖听话，被操控思想的委屈鬼吗？我们这个自由的团体可是非常欢迎你的加入哦！"

"雷吉，你可千万别上当啊！"卡拉塔着急得大喊。

忽然，背后响起了艾尔爸爸低沉的声音："别拦着他，就让他走！"

这句话蓦地刺进雷吉的耳朵，雷吉通红的眼眶中刹那间迸出了眼泪。只见他猛地一抬头，毫不犹豫地向前奔去："走！我跟你们走，省得留在这里遭人嫌弃！"

两条迅猛龙装模作样地上前恭维道："小兄弟，我们就知道你和他们不一样，我们走吧。"说完，簇拥着雷吉向草原深处而去。

望着雷吉渐渐远去的身影，嘀嘀嗒也急了："不能让雷吉跟着这些坏蛋走呀，我去追他！"

"是啊，雷吉真是昏了头了，这些迅猛龙不是什么好东西，我们得把他拉回来！"卡拉塔更是急得像热锅上的蚂蚁。

"你们谁都不许去！"艾尔爸爸严厉地低吼一声，"不让他吃

点苦头，他就不知道好歹！"

艾尔的这一声怒吼，把卡拉塔和嘀嘀嗒都给镇住了。

"唉，雷吉现在正在气头上，就算把他找回来，他心里的疙瘩也解不开的。"希塔妈妈既心疼又无奈，"你们放心吧，雷吉已经长大了，那两只迅猛龙不能把他怎样的！"

希塔妈妈的劝慰并没有让卡拉塔安下心来："可是妈妈您不知道，那两只迅猛龙还有许多同伙的，他们的心肠都坏得很，骗雷吉去分明就是要害他呢！"

"啊，真是这样？"希塔妈妈越听越不安，她焦急地转脸望向艾尔，"那我们得赶紧去救他！"

希塔妈妈的话音刚落，心急如焚的卡拉塔早已如离弦之箭，朝着雷吉离开的方向飞奔而去。

十二　悬崖边的重生

草原的夜色还挺亮的，满天的繁星就像一盏盏小油灯，在不停地闪烁着。星光中，两只迅猛龙一左一右夹着雷吉前行："既然都是兄弟了，就自我介绍一下吧。我叫二列，他是我的弟弟三列。"

三列痞里痞气地点了点头，口中发出一声长啸。忽然，他的身边又出现了好几只迅猛龙，甚至还有一只独眼的矮暴龙！

雷吉顿时不安起来。

"兄弟，你这么坚决地跟我们走，我们都很佩服你的勇气，大家说是不是啊？"二列歪着头问道。

"是的！是的！"后面的那群食肉龙龇牙咧嘴地附和起来。

雷吉见大家都夸奖自己，这才又慢慢放下心来："谢谢大家，我也很荣幸能加入你们的队伍。"

"很好。"二列满意地点点头，"既然你有诚意加入，那就完成我们的入会仪式吧！"

"入会仪式？还搞得这么正式呀？"

就在这时，气喘吁吁的卡拉塔从远处渐渐跑来。二列见状，立刻指着远处几只正在摸黑吃草的慈母龙叫嚣："喏，你去把那只慈母龙抓过来，就当是给哥们几个的入会见面礼了！"

"就我一个人去抓呀？"雷吉望着远处身材高大的慈母龙，有些心虚。

"怎么？你不敢？那就算喽，只好回你那个被嫌弃的家喽！"迅猛龙故意刺激雷吉。

"谁说我不敢了？去就去！"雷吉一下子就中了二列的激将法。他松了松脖子，活动了几下筋骨，准备见机出击。

慈母龙们正借着星光在低头专心吃草，根本没有注意到附近有心怀叵测的捕猎者正在觊觎他们。雷吉见慈母龙们并无防备，就从草丛中跃起身子，如离弦之箭般冲了过去。

就在这关键时刻，卡拉塔刚好赶到。他一眼看到了成为雷吉捕猎目标的那只慈母龙，正是当初在树林中救过他的龙阿姨。

"住手！"卡拉塔来不及多想，就朝雷吉一个飞扑，猛地将他撞出老远。

咣！猝不及防的雷吉重重地摔在地上，随即又被卡拉塔摁在了地上。

听到这巨大的声响，那群慈母龙惊得纷纷抬起头："有食肉龙！大家快跑啊！"

"你干什么！"雷吉看清了眼前的卡拉塔，怒不可遏地踢打起来。

"我不许你伤害他们！"卡拉塔死死摁住雷吉，任由他不住地扭打和怒骂，直到那群慈母龙全都跑远了，他才松开雷吉。

雷吉气呼呼地站起来，一脚朝卡拉塔踹去："你疯了？竟然为了一堆食草龙，伤害你的亲哥哥？"

"那是救过我的龙阿姨，我答应过她要保护她的！"卡拉塔灵巧地躲开了雷吉的袭击。

"哼，愚蠢！我离开你们果然是对的。"雷吉轻轻抖了抖身上的尘土。

这时，二列一脸奸笑地走了过来，对着雷吉说："谢谢好兄弟，你的这份见面礼，我们很喜欢！"

"见面礼？什么见面礼？"雷吉愣了一愣，看到身边的卡拉塔，顿时明白了，"你们，你们……"

但是来不及了，七八只迅猛龙和三角龙已将卡拉塔和雷吉团团围住。

那只独眼的矮暴龙嚣张地走到卡拉塔面前，冷笑着说："小子，没想到你都长这么大了，还记得我吗？"

"怎么会是你！"卡拉塔霎时想起了那只当年被自己抓伤后，又被慈母龙赶跑的矮暴龙。

"没想到吧。"独眼矮暴龙狞笑起来，"当初，你借着那头慈母龙的撑腰，把我的眼睛搞瞎了。现在，我要你们付出百倍的代价！"

"卡拉塔，你认识他们？"雷吉大为意外。

"何止是认识，简直是太有缘分啦！"一旁的迅猛龙也奸笑起来，"没想到，你个傻瓜还真的会追过来，哈哈哈……"

雷吉气得咆哮起来："你们太卑鄙了，竟然使用这么下三烂的手段！"

"呵呵，谁叫你们一家人那么矫情呢，一天到晚腻在一起，也不嫌恶心，害得我们都没办法下手。"

"我咬死你！"雷吉跳着脚想冲上去，却被卡拉塔一把拉住："雷吉，别冲动！"

但是急火攻心的雷吉哪里会听卡拉塔的劝呀，他一把甩开卡拉塔，冲动地扑向二列，没想到却被一旁伺机偷袭的矮暴龙狠狠地刺中了腿根。

"啊——"雷吉大喊一声跌倒在地，四五只迅猛龙顷刻间扑了上来，对着他就是一通乱咬乱抓，雷吉甩开一只，又扑上来另一只，真是顾此失彼。

卡拉塔刚要上前帮忙，却被那只可恶的矮暴龙挡住了："还想帮他？你自己都小命难保了！"

万分危急的时刻，一声怒吼忽然像惊雷般炸响："谁敢动我的孩子！"

原来是希塔妈妈！只见她气势汹汹地踢开肆无忌惮的迅猛龙，疯了似的冲向雷吉和卡拉塔。

"兄弟们，又来一个送死的，那我们今天就好好美餐一顿吧！"在独眼矮暴龙的叫嚣声中，又有十几条矮暴龙和迅猛龙从四面八方聚集过来。

"孩子们，做好战斗的准备！"希塔凶狠地盯着面前这群黑压压的小型食肉恐龙，仿佛一旦有谁敢上前，便要让他尝尝粉身碎骨的滋味。

双方僵持了足足有好几分钟，忽然，一只沉不住气的迅猛龙朝着卡拉塔冲了上来，早有准备的卡拉塔微微一侧，巧妙地躲过了袭击，就在迅猛龙转身想来个回马枪的时候，卡拉塔瞄准他的肚皮伏下身子，狠狠地咬了过去，那迅猛龙疼得拼命挣扎，竟一脚踹中了卡拉塔的屁股，把他踢翻在地。

其他几只迅猛龙见状，都蠢蠢欲动地冲上前来，却被希塔和雷吉打得抱头鼠窜。

"啊嗷——"希塔仰头向天长吟一声，围在四周的迅猛龙和矮暴龙似乎有些退缩，一个个眼神中流露出了犹豫和不安。

矮暴龙见状，撕心裂肺地大喊："怕什么！我们数量占绝对优势，他们跑不了啦！就趁现在，把他们杀个精光！"

这些刚刚还有些退缩的食肉龙，顿时又一个个变得兴奋异常，纷纷朝着天发出长长的嘶鸣，并且摆出了作战的阵势。

就在双方僵持不下的时候，远处忽然扬起了大片尘土，就像一道屏障阻挡了他们的视野。随即，轰隆的踩踏声呼啸而至，连地上的小石子都被震得蹦了起来。

卡拉塔定睛一瞧，只见许多造型各异的恐龙从迷蒙的尘雾中钻了出来。他们有的头顶肿大，仿佛生了一个巨大的瘤子；有的脑门扁平，从头到尾都长满了尖尖的突棘；有的鼻子肥厚，前面还有个又大又厚的隆起物……，他们仿佛在被什么追赶着，没命似的朝着这边狂奔而来。

十二　悬崖边的重生

"三角龙、副栉龙，还有釜庆龙！"卡拉塔惊叫，"他们怎么都冲这边来了？

这支浩浩荡荡的食草恐龙队伍仿佛从天而降，眨眼间就将迅猛龙和矮暴龙的阵型冲乱了，他们一个个上蹿下跳，完全失去了方向。

来自迅猛龙和矮暴龙的威胁暂时是解除了，但是失控狂奔的大型食草龙群，同样对倒在地上的卡拉塔构成了威胁，希塔妈妈和雷吉只好努力地用身体护住卡拉塔，以免他被不断冲过来的大型食草恐龙给踩伤了。

在希塔妈妈和雷吉哥哥的保护下，卡拉塔艰难地从地上爬了起来。但是他还没怎么站稳呢，转眼又被冲进了你推我挤的食草恐龙群之中。

"妈妈！妈妈！雷吉！雷吉！"卡拉塔焦急地呼喊着，却根本挤不回去，跌跌撞撞的他只能身不由己地跟着龙群一起奔跑起来。

不知跑了多久，卡拉塔累得已经上气不接下气，但是他根本没法停下来。

突然，前方传来一声声凄厉的龙嚎，跑在前面的龙群仿佛骤然消失了一般。卡拉塔定睛一看，差点惊出一身冷汗。妈呀，面前原来是一个悬崖！

　　他赶紧一个嘴啃泥趴到了地上，但惯性还是将他甩向了断崖。危急中，机敏的卡拉塔一眼瞥见悬崖边有棵小树，立即张口，这才勉强把自己的身子吊在了悬崖上。而跑在他后面的那些恐龙就没这么幸运了，一个个从他的身边飞了出去，直直地坠向崖底，一声又一声哀号从悬崖底下传来，听得卡拉塔胆战心惊。

　　我该怎么办？怎么爬上去？卡拉塔紧紧闭着眼睛，心中充满了绝望。

　　"卡拉塔，我们来啦，坚持住！"卡拉塔惊喜地睁开眼睛，是嘀嘀嗒！这个可爱的小伙伴，他总是出现得这么及时！

十二　悬崖边的重生

就在这时，一只充满力量的臂爪伸了过来，噌地一下，就把卡拉塔拽了上来。

　　是艾尔爸爸！卡拉塔忍不住喜极而泣："你们怎么现在才来！刚才多危险啊，只有希塔妈妈赶来救我们……"

　　"你以为是谁把龙群赶过来的？我们可没闲着！"嘀嘀嗒帮卡拉塔拍去身上的尘土，"只不过没想到龙群竟会失控，还好你没事……"

　　"没事？做梦！你以为我会轻易放过你们？"阴魂不散的独眼矮暴龙不知道又从哪里钻了出来，后面还跟着一群虎视眈眈的矮暴龙。

　　卡拉塔肺都快要气炸了："艾尔爸爸在这里，你们莫非想找死吗？"

　　"我谋划了这么久，这次死也不会放过你的！"独眼矮暴龙咬牙切齿地说。

　　"原来迅猛龙是你串通起来的，你这个恶毒的家伙！"艾尔大喝一声，蔑然道，"就凭你们几个小喽啰，也想伤害我的孩子？！"

　　"那咱们走着瞧！"矮暴龙说完仰天长啸起来，"啊嗷——啊嗷——"随着矮暴龙的呼叫，三只风神翼龙应声从悬崖边飞了上来。

　　卡拉塔简直不敢相信自己的眼睛：这是多久之前的宿敌啊，

　　　　　　　　　　　　　　十二　悬崖边的重生

都被他纠集起来了，这矮暴龙实在是太阴险了。

风声翼龙凭借着飞天的本领，开始轮番攻击艾尔的眼睛，但陷入包围之中的艾尔毫不畏惧，他瞧准机会张开铁齿，将一只风神翼龙扯咬了下来。就在这时，独眼矮暴龙带着他的同伙们也扑向了艾尔。眼看艾尔爸爸陷入困境，嘀嘀嗒和卡拉塔赶紧冲上前去帮忙。混战之中，卡拉塔不知被谁撞了一下，重重地摔在了悬崖边的一块大石上。

"你们都过来，先把这个小冤家干掉！那个老家伙就交给翼龙兄弟对付了！"独眼矮暴龙一声令下，他的帮凶立马都围到了那块大石上来。

咔啦——咔啦——一阵奇怪的声音隐隐传来，卡拉塔低头一看，原来他们所在的大石块，被卡拉塔重重一摔，又涌上了这么多矮暴龙，突然就出现了一道大大的裂缝！

卡拉塔急中生智，朝着嘀嘀嗒大喊起来："咻！咻！咻！"

"死到临头，这家伙还发神经呢！"矮暴龙见卡拉塔嘴里不断发出奇怪的声音，还以为他吓傻了呢。

可是嘀嘀嗒却瞬间就明白了卡拉塔的用意：这是消灭这些矮暴龙的唯一机会了。他低头望了望深不见底的悬崖，冲着卡拉塔微笑着点了点头。

卡拉塔立即闭上眼猛然跳起，然后用尽全力踏了下去。那道裂缝瞬间就像闪电一般崩裂开来，巨大的石块眨眼间稀里哗啦地碎成小块，带着卡拉塔和那些惊声惨叫的矮暴龙一起坠下悬崖。

与此同时，嘀嘀嗒则瞅准一只风神翼龙，纵身抓住了他的一只翅膀，一边扑向崖底，一边吹响了早已含在嘴里的银口哨。

咻——咻——咻——清脆的哨声在山谷里久久回荡。

卡拉塔一回眸，看到艾尔爸爸勇猛地折断了最后一只风神翼龙的翅膀。

"啊！"卡拉塔大叫一声睁开眼睛，发现自己已经回到了博物馆里的白垩纪展厅。而地心引力造成的下坠感，似乎还没有完全离开身体。

"好险！好险！"一旁的嘀嘀嗒也在惊魂未定地拍着小胸脯，"卡拉塔，你真是越来越勇敢了，这么惊险的招数，你也敢用了。"

"嘿嘿，人嘛，总要成长的喽。"卡拉塔摸摸脑袋，有点小得意。

"怎么样，经过这趟历险，想好怎么反驳夏晓南了吗？"嘀嘀嗒调皮地眨巴眼睛。

"呵呵，那个，不重要了。"卡拉塔说着，昂起头望向展厅里威风凛凛的仿真霸王龙，心中充满了感慨：原来看起来先天条件再好的王者，也要在生理和心理上经历重重的磨难，经受无数的艰险和考验，才能真正担得起身上的荣耀啊。